EDWARD WARD

LUFTFAHRZEUGE DER SPEZIALEINHEITEN

Flächenflugzeuge, Hubschrauber und unbemannte Flugzeuge

WIELAND

Edward Ward

Luftfahrzeuge der Spezialeinheiten

Flächenflugzeuge, Hubschrauber und unbemannte Flugzeuge

Titel der Originalausgabe: Aircraft of the Special Forces

Lektorat: Michael Spilling
Design: Andrew Easton & Mark Batley
Bildredaktion: Terry Forshaw

1. Auflage der deutschen Ausgabe, 2024

ISBN 978-3-948264-22-2

Ins Deutsche übersetzt von: Rolf Stünkel
Lektorat: Birgit Arnold
Schlussredaktion: Karola Wieland

Druck: Print Consult
Printed in EU

MIX
Papier aus verantwortungsvollen Quellen
FSC® C084279

INHALT

Anmerkung des Übersetzers:
Alle technischen Daten wurden mit größtmöglicher Sorgfalt geprüft und, sofern erforderlich, in metrische Maße übertragen. Die Daten entsprechen, soweit verfügbar, den Angaben der Hersteller und Betreiber. Geringe Abweichungen zu anderen Quellen sind möglich.

EINLEITUNG

Spezialeinheiten nutzen Luftfahrzeuge überwiegend zu Transporteinsätzen. Die meisten in diesem Band vorgestellten Typen fliegen einige Soldaten in ein Zielgebiet und, wenn möglich, auch wieder heraus. Die klaren Vorzüge von Hubschraubern auf solchen Einsätzen werden schon an der großen Zahl der Muster deutlich, die auf den folgenden Seiten beschrieben werden. Eine relativ geringe Reichweite und großer Fluglärm schließen sie allerdings von einigen Einsätzen aus. Flächenflugzeuge spielen daher nach wie vor eine sehr wichtige Rolle. Die meisten hier dargestellten Flugzeugmuster haben hervorragende Kurzstart- und Landeeigenschaften (STOL) und können von unbefestigten Plätzen aus operieren. Flächenflugzeuge kommen meist für die zweite wichtige Aufgabe der Spezialeinheiten in Betracht, Beobachtung und Überwachung.

BLACK OPS

Die Grenzen zwischen Spionage und Spezialeinsätzen verschwimmen gelegentlich. Verdeckt operierende, bewaffnete Agenten ziviler Organisationen wie der CIA nutzen Militärflugzeuge zu Einsätzen, die normalerweise Spezialeinheiten vorbehalten sind. Selbst die US Navy SEALs, die den Überfall auf Osama bin Ladens Lager durchführten, gehörten für die Dauer der Mission vorübergehend zur CIA.

Maritime Operationen

Mitglieder des SEAL-Teams 5 der US Navy bereiten sich während einer Übung mit der Helicopter Sea Combat Squadron (HSC) 26 zum schnellen Abseilen aus einem MH-60S Knighthawk-Hubschrauber vor.

Gemeinsame Übungen
Chilenische und kanadische Fallschirmjäger seilen sich bei der Übung Rim of the Pacific 2016 in Camp Pendleton (Kalifornien) von einem CH-146 Griffon-Hubschrauber der Royal Canadian Air Force ab.

Der Einsatz von Militärpersonal wäre illegal gewesen, da sich die USA und Pakistan nicht im Krieg befanden.

Einige Flugzeuge solcher Spezialoperationen werden daher hier behandelt, auch wenn sie in Zivil auftreten. Dazu zählen heute auch zunehmend Drohnen (Unmanned Aerial Vehicles, UAVs), die in den meisten Fällen zur Überwachung dienen. Ihre Herstellung und Nutzung nahmen in den letzten Jahren stark zu. Viele frei im Handel verfügbare UAVs besitzen heute Fähigkeiten, die sich selbst Angehörige der hoch entwickeltsten Streitkräfte noch vor wenigen Jahren nicht hätten vorstellen können. In diesem Buch werden nur die wichtigsten militärischen Drohnen im aktuellen Einsatz bei Spezialeinheiten gezeigt.

DIENSTFLUGZEUGE

Spezialeinheiten treten durch die Art ihrer Arbeit meist als undurchsichtige Organisationen auf. Einzelheiten von Einsätzen in jüngerer Zeit sind entweder geheim oder gar nicht verfügbar. Die Informationen auf den folgenden Seiten sind daher in keiner Weise als vollständig anzusehen. Nicht zu vermeiden ist auch die Darstellung einer Überzahl von US-Mustern – einerseits, weil die USA einfach viel mehr Militärflugzeuge einsetzen als jede andere Nation und zahlreiche Staaten US-Produkte betreiben, andererseits aber auch, weil die verfügbaren Informationen vom US-Militär viel bereitwilliger verbreitet werden als von den meisten anderen Nationen. Mit Ausnahme des historischen Buchabschnitts stehen alle in diesem Werk beschriebenen Luftfahrzeuge kurz vor der Indienststellung oder sind zum Zeitpunkt der Niederschrift voll einsatzfähig, während einige ältere Muster das Ende ihrer Lebensdauer erreichen. Es sei darauf hingewiesen, dass die Vielzahl weltweiter Konflikte immer mehr Luftfahrzeuge hervorbringt, die an Operationen von Spezialeinheiten teilnehmen. Sie werden in Zukunft wohl noch viel häufiger bei derartigen Missionen zu beobachten sein – vorausgesetzt, ihre Absichten sind überhaupt zu erkennen.

DIE ANFÄNGE

Erste Anzeichen für die Nutzung von Flugzeugen zum Transport und zur Unterstützung von Spezialkräften gab es – wie bei praktisch allen Formen der militärischen Luftfahrt – schon im Ersten Weltkrieg. Zu seinem Beginn trugen Flugzeuge noch nicht die erforderliche Nutzlast oder zeigten keine nennenswerte Eignung für solche Aufgaben, abgesehen von Aufklärungsflügen und dem gelegentlichen manuellen Abwurf kleiner Bomben auf feindliche Truppen, meistens mit geringer Wirkung. Der schwindelerregend schnelle technische Fortschritt, den der Krieg mit sich brachte, sollte das alles jedoch bald ändern.

ERSTE SPEZIALEINSÄTZE AUS DER LUFT

1918 waren über der gesamten Westfront ganze Schwärme zuverlässiger, erfolgreicher Jäger, strategischer und taktischer Bomber und todbringender Nahunterstützungsflugzeuge im Einsatz. Mit den deutschen Stoßtruppen und den italienischen Arditi (den Wagemutigen) tauchten zugleich Elitetruppen mit Erfahrung in Angriffstaktik und Nahkampf auf – die ersten Einheiten, die man heute als Spezialkräfte bezeichnen würde.

Ähnliche Gruppierungen anderer Armeen folgten ihrem Beispiel. Deutschland bestimmte auch die Entwicklung von Flugzeugen für taktische Angriffe auf Bodenstellungen. Im Oktober 1917 kamen beim Unternehmen Albion einige zweimotorige Gotha WD.14-Schwimmerflugzeuge zum Einsatz. Die äußerst erfolgreiche Operation diente der Eroberung der für Russland strategisch bedeutsamen Inseln des westestnischen Archipels. Flugzeuge setzten vor den eigentlichen Landungsoperationen mehrere Maschinengewehrabteilungen auf den Inseln ab.

Westland Whirlwind HAR.9

Westland-Whirlwind-Hubschrauber schrieben Geschichte, als sie 1956 beim weltweit ersten Hubschrauberkampfeinsatz in Suez 650 Royal Marines des 45 Commando während amphibischer Landungen in die Kampfzone brachten. Dieser Whirlwind von HMS Endurance befand sich 1973 auf den Falklandinseln auf einem Übungseinsatz.

DFS 230A-1 Lastensegler

Die geringe Größe der deutschen DFS 230 ermöglichte den Einsatz relativ kleiner Schleppflugzeuge. Hier werden die Lastensegler von erbeuteten tschechischen Avia-B.534-Doppeldeckern geschleppt.

Das deutsche Unternehmen Albion stellte, wenn auch noch in bescheidenem Umfang, den ersten Lufttransport von Truppen im Einsatz dar. Doch es war ein Italiener, der den weltweit ersten militärischen Fallschirmsprung durchführte – eine kühne Tat, die einmal zu den Grundfähigkeiten von Elitetruppen auf der ganzen Welt zählen sollte. Der Arditi-Leutnant Alessandro Tandura sprang im August 1918 während eines Aufklärungs- und Sabotageeinsatzes bei Vittorio Veneto hinter den österreichisch-ungarischen Linien von einer Savoia-Pomilio SP.4 ab, die von zwei RAF-Piloten geflogen wurde.

Flugzeuge des Ersten Weltkrieges waren meist zu klein für den Transport einer militärisch sinnvollen Anzahl von Soldaten. Immerhin fanden zahllose Flüge statt, auf denen Einzelpersonen bei verdeckten Missionen in feindliches Gebiet eingeschleust und mit etwas Glück wieder zurückgebracht wurden. Das Kriegsende unterbrach in den meisten Ländern die Entwicklung von Flugzeugen zur Unterstützung der Bodentruppen. Eine bemerkenswerte Ausnahme machte die Sowjetunion, die im Rahmen ihres Konzepts der tiefen Operation in den 1920er-Jahren taktische Luftstreitkräfte entwickelte. Die Rote Armee führte schließlich vor dem Ausbruch des Zweiten Weltkrieges Übungen durch. Fallschirmjäger und Material einschließlich leichter Panzer wurden weit hinter die Front transportiert, um den Gegner von hinten anzugreifen. Die verschlechterte politische Weltlage der 1930er-Jahre rief ein starkes Interesse an einer Militärdoktrin und dem offensichtlichen Potenzial von Luftstreitkräften hervor, was zu beträchtlichen Fortschritten führte. Bei Kriegsausbruch in Europa 1939 fanden die ersten Spezialoperationen aus der Luft statt.

Zu diesem Zeitpunkt war das Fallschirmjäger-Konzept zwar noch neu, aber bei den Streitkräften der Großmächte schon fest verankert. Viele speziell für taktische Operationen mit Bodentruppen entwickelte Flugzeuge kamen nun auf den Markt. Die militärische Luftfahrttechnik hatte in den Jahren vor dem Zweiten Weltkrieg genügend Fortschritte für noch gewagtere und wirkungsvollere Spezialoperationen gemacht. Deutschland war zu Kriegsbeginn führend auf diesem Gebiet. Es setzte als erste Nation Fallschirmjäger mit aufsehenerregendem Erfolg im Kampf ein – und eine neue, erstaunlich effektive Flugzeugkategorie: den Lastensegler.

LASTENSEGLER

Die größte Herausforderung für Konstrukteure und Militärplaner beim massenhaften Lufttransport von Truppen und Material war die Landung. Flugzeuge wurden immer schneller und schwerer und benötigten meist eine recht lange, feste

Start- und Landebahn. Wenn der Start entfiel, konnte man stattdessen Segelflugzeuge einsetzen. Sie waren ohne das Gewicht des Motors viel leichter und kamen nach kurzer Distanz zum Stehen. Wenn sie nicht wieder starten mussten, konnte man statt der Räder auch Kufen verwenden. Diese vertrugen deutlich unebeneres Gelände als herkömmliche Fahrwerke. Segelflugzeuge konnten auf diese Weise Truppen und Ausrüstung in Gebieten absetzen, die für normale Transportflugzeuge unzugänglich waren. Eine halbwegs ebene und ausreichend große Fläche genügte, nicht zu vergleichen mit einer normalen Landebahn.

Der erste Kampfeinsatz mit Lastenseglern fand am frühen Morgen des 10. Mai 1940 statt. 50 geschleppte DFS 230 mit Fallschirmjägern landeten in etwa 30 Kilometern Entfernung von drei wichtigen Brücken über den Albert-Kanal in Belgien, die von den Kanonen des als uneinnehmbar geltenden Forts Eben-Emael geschützt wurden. Drei Gruppen landeten mit ihren Segelflugzeugen in der Nähe der Brücken, um sie einzunehmen und zu halten. Eine vierte, bestehend aus 85 Mann in neun Segelflugzeugen, landete auf dem nur 180 x 370 Meter großen Dach des Forts. Ihre Sturmtruppen setzten die Geschütze außer Gefecht und hielten die Festung gegen belgische Gegenangriffe, bis sie abgelöst werden konnten. Die Deutschen führten auch eine brandneue Waffe mit: Hohlladungen, die Geschütztürme durchdringen konnten. Der Überfall war ein überwältigender Erfolg, der den deutschen Feldzug in Belgien drastisch verkürzte und die weltweite Entwicklung derartiger Ausrüstung und Taktik stark beeinflusste.

Die DFS 230 war kleiner als spätere Lastensegler und konnte nur den Piloten und neun Soldaten befördern. Dafür konnte sie im Gegensatz zu alliierten Lastenseglern von deutlich kleineren Schleppflugzeugen gezogen werden und bot eine der besten Gleitzahlen aller Segler des Zweiten

Rettungseinsatz

Am 12. September 1943 eroberten Fallschirmjäger-Eliteeinheiten in DFS-230-Lastenseglern bei einem Sturmangriff unter der Führung des wagemutigen Otto Skorzeny das auf einem Berg gelegene Hotel Campo Imperatore. Dort wurde der gestürzte italienische Diktator Benito Mussolini gefangen gehalten.

Douglas C-47 Skytrain

Zwei C-47 der 12th Air Force Troop Carrier Wing mit Fallschirmjägern im August 1944 während der Operation Dragoon, der Invasion Südfrankreichs. Zu dieser Zeit war die Dakota bereits das wichtigste alliierte Fallschirmjägertransport- und Lastensegler-Schleppflugzeug.

Weltkrieges. So konnte sich die DFS 230 einem Ziel aus großer Entfernung nähern, während das Schleppflugzeug außer Hörweite der Verteidiger blieb. Gegnerisches Radar machte diesen Vorzug später wieder zunichte, doch zum Zeitpunkt des Angriffs auf Fort Eben-Emael sorgten sowohl der lautlose Anflug als auch die Tatsache, dass Deutschland Belgien noch nicht den Krieg erklärt hatte, für totale Überraschung beim Gegner.

Die im Mai 1940 eingesetzten DFS 230 verkürzten die Landestrecke mit Bremsfallschirmen, spätere Serienflugzeuge hatten Bremsraketen im Bug. Rund 1.500 DFS-230-Lastensegler wurden bis 1943 gebaut. Abgesehen vom Einsatz in Belgien spielten sie auch eine wichtige Rolle bei der Invasion Kretas und der Rettung Mussolinis. Ihre bei weitem wichtigsten Einsätze flogen sie aber zur Versorgung eingekesselter Truppen an der Ostfront, unter anderem in Stalingrad. Diese Rolle sollten sie noch einmal im Mai 1945 bei der Versorgung des abgeschnittenen Berlins übernehmen.

CG-4A (HADRIAN)

Das Vereinigte Königreich und die USA entwickelten zwei relativ ähnliche Lastensegler. Als erstes flog die Waco CG-4A als einziges von den USA entwickeltes und im Einsatz verwendetes Segelflugzeug. Sie hatte zwei Piloten und konnte einen Jeep oder leichte Geschütze und bis zu 13 voll bewaffnete Soldaten transportieren. Von der CG-4A wurden 12.393 Exemplare ausgeliefert. Über 100 dienten bei der Invasion Siziliens, mehrere Tausend bei der Landung in der Normandie, der Operation Market Garden und bei der Überquerung des Rheins.

Die CG-4A trug in britischen Diensten die Bezeichnung Hadrian. Der erste Einsatz mit 136 Lastenseglern fand in der Nacht vom 9. auf den 10. Juli 1943 bei der Operation Ladbroke statt, einer aufwendigen Unternehmung zur Einnahme von Landeplätzen in Sizilien. Nur zwölf der Flugzeuge landeten im vorgesehenen Zielgebiet. Es gelang den versprengten Truppen dennoch, die meisten ihrer Aufträge zu erfüllen.

Die daraus gewonnenen, wertvollen Erfahrungen wirkten sich auf spätere, viel größere Operationen aus.

DOUGLAS C-47 SKYTRAIN (DAKOTA)

Trotz der spektakulären Lastensegler-Erfolge zeigten sich auch normale Transportflugzeuge als unverzichtbar für Spezialeinheiten. Das klassische Beispiel auf den Kriegsschauplätzen von China, Burma und Indien (CBI) waren die Dakotas. Sie versorgten tief im burmesischen Dschungel hinter den japanischen Linien die Chindits (nach dem burmesischen Wort für Löwe), eine berühmte Spezialeinheit des Brigadiers Orde Wingate. Eine solche Operation wäre ohne die Dakota undenkbar gewesen. Die Douglas C-47 Skytrain, in britischen Diensten Dakota genannt, war das wichtigste Transportflugzeug des Zweiten Weltkrieges. Die militärische Variante der Vorkriegs-Douglas-DC-3 war relativ schnell und geräumig. Sie galt als unfassbar zuverlässig. In Japan und in der UdSSR (als Nachtbomber) entstanden C-47-Lizenzbauten in enormen Stückzahlen, allein in den USA waren es über 10.000 Flugzeuge. Ab 1944 war die C-47 längst zum alliierten Standard-Transporter avanciert, zugleich auch zum meistgenutzten Schleppflugzeug der Westmächte. Neu motorisierte C-47 sind bis heute im militärischen Einsatz.

STOL: STORCH UND WESTLAND LYSANDER

Sondereinsätze beschränkten sich nicht nur auf Lastensegler und Transportflugzeuge. Auch verschiedene STOL-Flugzeuge schleusten bei verdeckten Einsätzen laufend Personen in Feindesland ein. Die mit Abstand wichtigsten Muster waren die Fieseler Storch und die Westland Lysander. Die Fieseler Storch konnte dank ihrer hervorragenden Langsamflugeigenschaften schon bei einer relativ leichten Brise annähernd in der Luft stehen. Ihre Startstrecke betrug nur 65 Meter, zur Landung reichten unglaubliche 20 Meter. Die Fieseler Storch diente als Verbindungs-, Evakuierungs- und Heeresverbindungsflugzeug. Als Teilnehmerin an der Gran-Sasso-Aktion zur Befreiung Mussolinis ging sie in die Geschichte der Spezialeinheiten ein.

Die geringe Höchstgeschwindigkeit und Zuladung setzten dem Nutzen der Fieseler Storch Grenzen. Die größere, etwa dreimal so schwere britische Westland Lysander hatte zwar nicht ganz so gute STOL-Eigenschaften. Sie flog aber mehr als doppelt so schnell und weit, beförderte mühelos zwei Passagiere und benötigte trotz allem zum Starten und Landen nur die Fläche eines Fußballfeldes. Die Lysander war als Verbindungsflugzeug für die Royal Army entwickelt worden und während der Kämpfe in Frankreich recht schutzlos den

OPERATION THURSDAY

In Birma beteiligten sich RAF- und USAAF-Einheiten fast ausnahmslos mit Dakotas an den Chindit-Versorgungsflügen. Die Einsätze waren stets Gegenstand hitziger, historischer Debatten. Wingates eigener Vorgesetzter bezeichnete Spezialeinheiten als Sekte und behauptete, dass solche Gruppierungen, die für eine bestimmte Art von Operationen ausgebildet, ausgerüstet und darauf mental vorbereitet waren, eine Verschwendung darstellten. Ungeachtet dieser Ansicht waren Chindit-Flüge die Vorreiter von Spezialeinsätzen aus der Luft. Operation Thursday, im Februar 1944 die erste Invasion über Feindgebiet aus der Luft, gilt als besonders bedeutend. Von Hadrian-Lastenseglern angelandete Truppen präparierten Landeplätze für Transportflugzeuge, und in der darauffolgenden Woche brachten rund 600 Dakota-Einsätze 9.000 Chindits an ihre Ziele.

Waco CG-4A Lastensegler
Das nach oben zu öffnende Cockpit der CG-4A erleichterte erheblich das Be- und Entladen größerer Fracht wie dieses Jeeps. Hindernisse auf den Landeplätzen stellten für die leichte Konstruktion eine große Gefahr dar.

Frühe STOL-Flugzeuge

Die Westland Lysander war sehr erfolgreich bei verdeckten Operationen. Zuvor hatte es in ihrer ursprünglichen Rolle für die französische Armee schwere Verluste gegeben. Innerhalb von nur zwei Monaten waren 118 von insgesamt 175 Flugzeugen verloren gegangen. Nächtliche Flüge zur Ein- und Ausschleusung über besetztem Gebiet erwiesen sich als deutlich sicherer.

gegnerischen Jägern ausgeliefert. Sie erhielt eine passendere Rolle als nächtlicher Transporter von Agenten der Special Operations Executive (SOE) in besetzte Gebiete und zurück. Mit einem großen, äußeren Zusatztank für mehr Reichweite und einer Leiter, über die Spione und Saboteure in die erhöhte Kabine klettern konnten, vollführten Lysanders wahre fliegerische Kunststücke. Piloten mussten oft abgelegene Landeplätze finden, die von Widerstandskämpfern mit Taschenlampen nur dürftig ausgeleuchtet wurden.

KAMPFZONENHUBSCHRAUBER

Das Erscheinen der ersten Hubschrauber bedeutete ein neues, geradezu revolutionäres Kapitel der – bis dahin den STOL-Flugzeugen vorbehaltenen – verdeckten Ein- und Ausschleusung. Die neuen Fluggeräte benötigten keinen Flugplatz mehr, nicht einmal einen improvisierten Landeplatz. Deutschland nahm bei der Hubschrauberentwicklung schon bald die Führungsrolle ein und befasste sich als erster Staat mit Modifikationen für Spezialeinheiten. 1943 verband man den Rotor eines Focke-Achgelis-Fa-224-Transporthubschraubers mit dem Rumpf eines DFS-230-Lastenseglers. Der große, unmotorisierte Tragschrauber konnte senkrecht landen und ein Angriffsteam an nahezu jedem Ort absetzen. Das Projekt wurde jedoch wieder aufgegeben, da die geringe Schlepp- und Gleitgeschwindigkeit den DFS-Tragschrauber ziemlich verwundbar machte. Ein echter Kampfeinsatz von Hubschraubern mit Spezialeinheiten sollte erst in der Nachkriegszeit erfolgen.

In Korea kamen Hubschrauber häufiger zum Einsatz, wenn auch überwiegend als Such- und Rettungsmittel. Der erste Kampfeinsatz eines Hubschraubers fand bei Operation Musketeer statt. Die anglo-französische und israelische Invasion Ägyptens diente der Rückeroberung des mehrheitlich in britischem Besitz befindlichen Suezkanals, dessen

Verwaltung Präsident Gamal Abdel Nasser verstaatlicht hatte. Am 6. November 1956 landeten 650 Männer des 45 Commando der Royal Marines mit der ersten Hubschrauber-Luftlandeoperation in Port Said an der Mündung des Suezkanals. 16 Westland Whirlwind Mk 2 (britische Lizenzbauten des Sikorsky H-19) und sechs Bristol Sycamores übernahmen die Marines zweier vor der Küste ankernder Flugzeugträger.

Dieser eher kleinen Aktion folgte im Algerienkrieg der französische Einsatz bewaffneter Hubschrauber zum Truppentransport. Zahlreiche Helikopter (Piasecki H-21, Sikorsky H-19 und H-34 sowie Aérospatiale Alouette II) kamen dabei zum Einsatz. Zwischen 1955 und 1962 konnten mehr als 20.000 Soldaten per Helikopter aus Kampfgebieten evakuiert werden.

UH-1 IROQUOIS UND ANDERE VERSIONEN

In Vietnam reifte der Hubschrauber zur echten Waffe heran. Das klassische Beispiel war der Bell UH-1 Iroquois, der in veränderter Ausführung noch heute im Einsatz ist. Er war der wichtigste Hubschrauber der US-Streitkräfte in Vietnam, und seine hohen Verluste führten zum Einsatz von immer schwerer bewaffneten Gunship-Versionen als Begleitschutz für die Transporthubschrauber. Der Hubschraubereinsatz im Kampf war inzwischen so weit verbreitet, dass die Helikopter nicht mehr nur zu Spezialeinsätzen verwendet wurden.

Nach Vietnam wurde es still um die Spezialeinheiten. Erfahrungen der letzten drei Jahrzehnte im Irak und vor allem in Afghanistan, wo der Großteil der Kämpfe als Spezialoperation gelten kann, ließen ihre Bedeutung aber bald wieder zunehmen. In den letzten 20 Jahren hat auch der Drohnen-Einsatz bei Spezialoperationen und in der konventionellen Kriegsführung exponentiell zugenommen. Dieser Trend wird sich noch verstärken, wenn man entsprechende Erfahrungen im Ukraine-Konflikt als Beispiel für künftige Entwicklungen heranzieht.

Landezone

Der UH-1, das berühmte Arbeitspferd des Vietnamkrieges, flog alle nur denkbaren Hubschraubereinsätze und diente Spezialkräften. Diese UH-1Ds führten im Jahr 1966 einen typischen Luftlandeangriff aus.

FLÄCHEN-FLUGZEUGE

Dass ein 1935 entworfenes Flugzeug heute im Einsatz ist und mit anderen Flugzeugen seiner Klasse mithalten kann, ist an und für sich schon äußerst bemerkenswert. Dies ist bei der Basler BT-67 der Fall, einer gestreckten und modernisierten Version der C-47. Die besonderen Rahmenbedingungen von Sondereinsätzen lassen auch Flugzeuge interessant erscheinen, die – wie etwa der PZL Skytruck – nicht gerade dem Idealbild moderner Kampfeinsatzmittel entsprechen. Allseits bekannte Muster wie die C-130 Hercules sind jedoch für Spezialeinheiten ebenso wichtig wie für konventionellere militärische Einsätze. Sondereinsätze erfordern ein sehr breites Spektrum von Mustern, die meisten haben gute STOL- und Geländeeigenschaften. Manche, wie die U-27, treten durch ihre Anonymität kaum in Erscheinung, andere, wie die C-17, verkörpern das genaue Gegenteil. Alle haben ihre Aufgabe zu erfüllen.

Lockheed C-130 Hercules

Das wohl erfolgreichste Militärflugzeug aller Zeiten wird noch immer produziert, obwohl es bereits 1954 seinen Erstflug machte. Bei diesem anonymen Exemplar handelt es sich um eine C-130K Hercules C.3 der Royal Air Force. Die RAF betreibt die Hercules seit 1968.

BRITTEN-NORMAN BN-2 ISLANDER/ DEFENDER

Die Islander ist das am längsten produzierte britische Flugzeug. Der Prototyp machte 1965 seinen Erstflug, das erste Serienflugzeug erschien 1967. Das simple, zuverlässige, zweimotorige Nutzflugzeug dient auch als kleines Regionalverkehrsflugzeug. Es hat relativ niedrig sitzende Tragflächen und einen geräumigen, kastenförmigen Rumpf. Damit kann es größere und schwerere Lasten befördern als andere Flugzeuge seiner Klasse. Die BN-2 wird immer noch gebaut und ist auf der ganzen Welt hundertfach im Einsatz.

1970 kam die militärische Defender-Variante auf den Markt. Sie besaß Waffenaufhängungen an den Tragflächen und war als leichter Truppentransporter und Unterstützungsflugzeug konzipiert. Ihre robuste Bauweise erwies sich als ideal für raue Einsätze unter schwierigen Bedingungen. Das unauffällige Äußere eines Zivilflugzeugs machte den Defender für verdeckte Einsätze interessant. 1989 kaufte die britische Armee sieben Exemplare mit der Bezeichnung Islander AL1 für die ISTAR-Rolle (Nachrichtengewinnung, Überwachung, Zielerfassung und Aufklärung). Es geschah genau zur rechten Zeit: Die neuen, in Desert Pink lackierten Flugzeuge nahmen in Saudi-Arabien sogleich an der Operation Granby teil, dem britischen Beitrag zum ersten Golfkrieg. Für die Islanders folgte Operation Banner, die Intervention der britischen Armee bei Unruhen in Nordirland.

Mit dem Ausbruch des Zweiten Golfkrieges im Jahr 2003 stieg die Nachfrage nach ISTAR-Flugzeugen erheblich. Das britische Verteidigungsministerium beschloss die sofortige

BRITTEN-NORMAN BN-2B ISLANDER

Herkunftsland	Vereinigtes Königreich
Hersteller	Britten-Norman
Erstflug	13. Juni 1965
Abmessungen	Länge 10,89 m Spannweite 14,94 m Höhe 4,18 m
Startgewicht max.	2.994 kg
Antrieb	2x luftgekühlter Lycoming-O540-E4C5-6-Zylinder-Kolbenmotor mit 190 kW (260 PS)
Höchstgeschwindigkeit	274 km/h
Reichweite	1.398 km
Dienstgipfelhöhe	3.400 m (11.300 ft)
Besatzung	1 Pilot, bis zu 9 Passagiere
Bewaffnung	–

Britten-Norman Islander

Die RAF setzte Islander viele Jahre lang für Überwachungsaufgaben ein. Diese Islander CC.2 war 2009 auf RAF Northolt stationiert.

Bedienfelder

Die leicht zu fliegende Islander ist ein einfaches und robustes Flugzeug, das sich ideal für viele verdeckte und Spezialeinsätze eignet. Die Instrumente verraten die Herkunft des Flugzeugs aus den 1960er-Jahren. Es gibt weder Multifunktionsbildschirme noch ein Glascockpit.

Beschaffung von drei weiteren Flugzeugen, die zwischen 2004 und 2005 mit der Bezeichnung Defender AL1 geliefert wurden. Zwischen 2007 und 2011 folgten fünf weitere Defender AL1 und ein Defender T3-Trainer. Die von der 651 Squadron des Army Air Corps betriebenen Flugzeuge unterstützten während des Konflikts vermutlich die SAS Task Force Black bei deren Einsatz über dem gesamten Irak. Die Staffel nahm im Jahr 2006 als Bestandteil der Joint Special Forces Wing wahrscheinlich auch an Einsätzen über dem Irak und später über Afghanistan teil. Während der Olympischen Spiele 2012 in London flogen Defenders der 651 Squadron über London Überwachungseinsätze zur inneren Sicherheit. In letzter Zeit dienten sie über dem Ärmelkanal bei Patrouillen zur Bekämpfung des Menschenschmuggels. Im Jahr 2019 übernahm die Royal Air Force alle militärischen Islanders und Defenders und musterte sie 2021 aus. Defender sind weiterhin bei verschiedenen anderen Luftstreitkräften im Einsatz.

Britten-Norman Islander

Die Islander ist billig im Unterhalt und Betrieb, erstaunlich vielseitig und gerade für Luftwaffen kleinerer Nationen besonders interessant. Dieses Seeüberwachungsflugzeug wird von Malta betrieben, dem kleinsten Land der Welt mit bewaffneten Fliegerkräften.

PZL M-28 Skytruck

Die Skytruck erzielt mehr Exporterfolge als ihre Vorläuferin An-28 und steht derzeit bei elf Nationen im Militärdienst. Deutschland setzt seine Skytrucks zur Fallschirmjägerausbildung ein.

PZL C-145A SKYTRUCK

Die besonderen Eigenarten von Spezialeinsätzen brachten in den USA ungewöhnliche Flugzeuge ans Licht, von Abwandlungen ziviler Typen bis zu Konstruktionen aus der Sowjetzeit. Ein Beispiel für diese Kategorie ist die C-145A des USAF Special Operations Warfare Center, eine militärische Variante des leichten Transportflugzeugs PZL M-28 Skytruck. Letzteres ist wiederum ein polnischer Lizenzbau der sowjetischen Antonow An-28 (Erstflug: 1969). PZL nahm eine Reihe von Verbesserungen vor, darunter den Einbau westlicher Avionik und kanadischer Pratt-&-Whitney-PT6-Triebwerke. Die so aufgerüstete M-28 machte im Juli 1993 ihren Erstflug. Sie wird noch heute in kleinen Stückzahlen produziert und konkurriert auf dem zivilen Markt mit der Twin Otter und der Let 410. Dank der STOL-Eigenschaften der Skytruck und ihrer Fähigkeit, von unbefestigten Pisten zu operieren, erwarb die USAF zwischen 2009 und 2013 16 Maschinen zur Unterstützung kleiner Kampftruppen unter schwierigen Bedingungen. Das Flugzeug lässt sich schnell für eine Vielzahl von Missionen umrüsten, darunter die Evakuierung von Verletzten, Such- und Rettungseinsätze, humanitäre Einsätze und Katastrophenhilfe. Die hinteren Frachttüren machen den Skytruck zu einem hervorragenden Absetzflugzeug für Fallschirmspringer und ermöglichen den Abwurf von Lasten von bis zu einer Tonne.

Die C-145A unterstehen dem Air Forces Special Operations Command (AFSOC) und tragen in den USA den Spitznamen Combat Coyote. Ein Flugzeug ging im Jahr 2011 beim Ersteinsatz in Afghanistan verloren, als es von der Landebahn abkam und sich überschlug. Die 15 verbliebenen Maschinen dienen in vier zentralafrikanischen Staaten zur Bekämpfung der Rebellengruppe Lord's Resistance Army (LRA) von Joseph Kony. Sie stehen auch bei Drogen- und Terrorismusbekämpfungsflügen in Mittel- und Südamerika im Einsatz. In den letzten Jahren dienten die C-145A hauptsächlich zur Ausbildung und Beratung anderer Luftstreitkräfte, der größte Teil der Flotte ging an andere Betreiber. Im Jahr 2021 stellte PZL die neue C-145B-Wily-Coyote-Variante vor. Sie nahm an einer

PZL M-28 SKYTRUCK

Herkunftsland	Polen/UdSSR
Hersteller	PZL Mielec
Erstflug	24. Juli 1993
Abmessungen	Länge 13,10 m Spannweite 22,06 m Höhe 4,90 m
Startgewicht max.	7.500 kg
Antrieb	2x 820 kW (1.100 PS) Pratt-&-Whitney-Canada-PT6A-65B-Turboprop-Triebwerk
Höchstgeschwindigkeit	355 km/h
Reichweite	1.592 km
Dienstgipfelhöhe	7.620 m (25.000 ft)
Besatzung	2, bis zu 19 Passagiere oder 17 Fallschirmjäger
Bewaffnung	–

Ausschreibung des Special Operations Command (Armed Overwatch-Programm) zum Ersatz der U-28 Draco teil, unterlag jedoch der AT-802U Sky Warden. Im November 2022 standen noch fünf C-145A bei der 6th Special Operations Squadron des AFSOC im Einsatz.

BEECH MC-12W LIBERTY

Die MC-12W ist eine Variante der C-12 Huron, einer militärischen Weiterentwicklung der Beech King Air. Dieses äußerst erfolgreiche, leichte Turboprop-Flugzeug ist seit 1963 auf dem Markt. Die MC-12W entstand für die USAF-Beschaffungsinitiative einer bemannten ISR-Plattform (Intelligence, Surveillance and Reconnaissance) für Übersee-Einsätze in mittleren bis geringen Flughöhen. Sie wurde im Rahmen des Projekts Liberty in aller Eile entwickelt und flog ihren ersten Kampfeinsatz über Afghanistan bereits im Juni 2009, nicht einmal acht Monate nach der Genehmigung ihres

PZL M-28 Skytruck
Mit ihrem robusten, festen Dreiradfahrwerk, den hohen Tragflächen und ihren hinteren Frachttüren eignet sich die M-28 besonders für Einsätze von unbefestigten Pisten. Dieses Exemplar fliegt unter der Bezeichnung Bryza (Meeresbrise) bei der polnischen Marine.

BEECHCRAFT MC-12W LIBERTY

Herkunftsland	USA
Hersteller	Beechcraft
Erstflug	27. Oktober 1972 (Beechcraft Super King Air)
Abmessungen	Länge 14,22 m Spannweite 17,65 m Höhe 4,37 m
Startgewicht max.	7.484 kg
Antrieb	2x 783 kW (1.050 PS) Pratt-&-Whitney-Canada-PT6-60A-Turboprop-Triebwerk
Höchstgeschwindigkeit	578 km/h
Reichweite	4.445 km
Dienstgipfelhöhe	10.668 m (35.000 ft)
Besatzung	2 Piloten und 2 Sensoren-Spezialisten
Bewaffnung	–

Entwicklungsbudgets. Im Jahr 2015 ersetzte die USAF die MC-12W durch die Drohne MQ-9 Reaper. Bis zu diesem Zeitpunkt hatten MC-12W-Crews Berichten zufolge rund 79.000 Kampfeinsätze geflogen, bei der Vernichtung oder Gefangennahme von über 8.000 Terroristen mitgewirkt und rund 650 Waffenverstecke aufgedeckt. Eine geplante Abgabe der MC-12W-Flotte an die US Army fand nicht statt. Die Flugzeuge gingen stattdessen an die Air National Guard, zur eigens aufgestellten 137th Special Operations Wing der Oklahoma ANG. Sie untersteht dem Air Force Special Operations Command (AFSOCOM) und wurde 2016 mit ihren Flugzeugen nach Afghanistan entsandt. Die MC-12W verbleibt (Stand 2022) in der Flotte des AFSOCOM.

Das US Army Special Operations Command betreibt inzwischen fünf ähnlich modifizierte Beech King Air 350ER mit der Bezeichnung Tactical Airborne Multi-sensor Platforms (STAMP). Die US Army sorgt als Eigentümerin für die Wartung der zivil registrierten Flugzeuge, die gemischte Besatzung besteht bei Einsätzen aus Zivilangestellten und Soldaten. Die Flugzeuge tragen unterschiedliche zivile Lackierungen, da sie oft von Zivilflughäfen aus fliegen und dort unauffälliger operieren können. Sie sind nicht im Bestand der US-Armee verzeichnet, und der einzige offizielle Hinweis auf ihre Existenz war die Anmeldung des Finanzierungsbedarfs in einer Haushaltserklärung der US-Armee im Jahr 2018.

Die Besatzung der MC-12W und der modifizierten Army-King-Air besteht aus zwei Piloten, einem Combat Systems Officer (CSO) und einem Tactical Systems Officer (TSO). Die elektronische Ausrüstung, mit der die Huron zur MC-12W aufgerüstet wurde, stammt von L-3 Communications Missions Integration und bietet sichere Satelliten-/Line-of-Sight-Datenverbindungen und Sprechfunk. Das Kommunikationspaket beinhaltet ein Bodenmodul für den Austausch von Sensordaten der MC-12W mit den Bodentruppen. Zu den Sensoren gehört ein Wescam MX-15-System mit elektrooptischen und Infrarotkameras, optional ein Laserdesignator für lasergesteuerte Waffen. Es ist nicht genau bekannt, welche Systeme die Special Operations-King Airs der US-Armee

Beechcraft MC-12W Liberty

Eine MC-12W der 451st Air Expeditionary Group rollt im Jahr 2014 in der zerklüfteten afghanischen Landschaft zum Start. Alle MC-12Ws der USAF wurden 2015 an die Air National Guard abgegeben.

Beechcraft MC-12W Liberty
Die MC-12 wurde sehr häufig in Afghanistan eingesetzt und flog dort im Juni 2009 ihren ersten Kampfeinsatz. Dieses Foto entstand 2014.

besitzen. Vermutlich entspricht aber ein Großteil der Ausrüstung dem der MC-12W.

Die Royal Canadian Air Force (RCAF) hat ebenfalls drei King Airs bestellt und wird sie vermutlich nach dem MC-12W-Standard aufrüsten. Diese Flugzeuge sind in erster Linie zur elektronischen Überwachung im In- und Ausland bestimmt. Das erste dürfte bereits im Jahr 2022 ausgeliefert worden sein. Als Piloten fungieren Soldaten der Royal Canadian Air Force, die Systembediener sind Spezialisten des Canadian Special Operations Forces Command.

KAPITEL 2

Beechcraft MC-12W Liberty
Diese MC-12 der 361st Expeditionary Reconnaissance Squadron in Afghanistan wurde 2010 auf dem Flugplatz Kandahar fotografiert. Sie diente zur Full Motion Video- und Funkaufklärung.

BASLER BT-67

Ein weiteres, offenbar veraltetes Flugzeug ist die Douglas C-47. Doch turbinengetriebene Umbauten dieses Klassikers sind weiterhin im Einsatz und werden als Basler BT-67 angeboten. Diese Variante besteht im Wesentlichen aus einer C-47 mit Pratt-&-Whitney-PT6-Turboprop-Triebwerken. Das alte Arbeitspferd verfügt nun über eine weit höhere Reisegeschwindigkeit und STOL-Fähigkeiten. Da die Turboprop-Triebwerke weniger wiegen als die alten Kolbenmotoren, musste der Rumpf der BT-67 zur Wahrung des zulässigen Schwerpunkts nach vorn verlängert werden. Dies ermöglicht den Transport von zusätzlichen Passagieren oder Nutzlast. Viele der 63 bisher gebauten BT-67 gingen in zivile Hände, da das Flugzeug besonders gut für den Einsatz in Polargebieten geeignet ist. Die Luftstreitkräfte von fünf Nationen betreiben Basler-Umbauten für militärische Zwecke. Kolumbien setzt sechs bewaffnete Exemplare als AC-47T Fantasma bei

Basler BT-67
Diese klassische Silhouette kannte jeder alliierte Soldat des Zweiten Weltkrieges. Das Flugzeug ist noch immer voll im Einsatz. Die Turboprop Basler BT-67 ist eine weiterentwickelte und verbesserte Variante eines der erfolgreichsten Flugzeuge der Geschichte. Acht davon fliegen bei der Royal Thai Air Force.

der Drogenbekämpfung ein. Sie besitzen vorwärts gerichtete Infrarotkameras (FLIR) als Zielgeräte für drei fest montierte Kaliber-.50-GAU-19/A-Maschinengewehre. Die AC-47T ist im Wesentlichen eine aktualisierte Version der AC-47 Spooky aus der Vietnam-Ära. Sie kann Berichten zufolge auch Bomben transportieren. Mindestens ein Exemplar wurde mit einer 20-mm-Kanone unbestätigter Herkunft fotografiert. Dabei handelt es sich vermutlich um eine französische M621.

BASLER BT-67

Herkunftsland	USA
Hersteller	Basler Turbo Conversions (ursprünglich: Douglas Aircraft Company)
Erstflug	1990
Abmessungen	Länge 20,65 m Spannweite 28,95 m Höhe 5,15 m
Startgewicht max.	13.041 kg
Antrieb	2x 955 kW (1.281 PS) Pratt-&-Whitney-Canada-PT6A-67R-Turboprop-Triebwerk
Höchstgeschwindigkeit	528 km/h
Reichweite	3.960 km mit Langstreckentank und Reserve
Dienstgipfelhöhe	7.600 m (25.000 ft)
Besatzung	2, bis zu 38 Passagiere
Bewaffnung	–

Antonow An-2

Der Doppeldecker An-2 galt schon beim Erstflug 1947 als längst veraltet. Doch gerade die beiden Tragflächen verleihen diesem robusten, zweckmäßigen Flugzeug besondere STOL-Fähigkeiten.

ANTONOW AN-2

Ein sowjetisches Flugzeug, noch älter als die Skytruck, ist auf beiden Seiten des ehemaligen Eisernen Vorhangs weiterhin im verdeckten Einsatz. Es überrascht nicht, dass der 1947 entworfene Antonow-An-2-STOL-Doppeldecker auch noch immer bei den Luftstreitkräften und Luftabwehrtruppen der koreanischen Volksarmee dient. Die An-2 kam erstmals 1950 bis 1953 im Koreakrieg zum Einsatz. Man vermutet, dass Nordkorea im Kriegsfall Spezialeinheiten auf südkoreanischem Gebiet einschleusen will. Südkorea beschaffte daher eigene An-2-Flugzeuge, vermutlich, um bei Manövern seine nördlichen Gegenspieler zu simulieren. Diese Flugzeuge tragen Lackierungen, die ihren nordkoreanischen Vettern nachempfunden sind.

Die An-2 kann extrem niedrig und langsam fliegen. Sie gilt als schwer abzuschießen, weshalb gegnerische Kräfte zu ihrer Bekämpfung eine spezielle Ausbildung erhalten. Die südkoreanische An-2-Flotte unterliegt strikter Geheimhaltung, die Flugzeuge tragen sowohl militärische als auch zivile Kennzeichen und sind nicht in der offiziellen Luftfahrzeugrolle der Luftstreitkräfte aufgelistet. Man spekuliert, dass die südkoreanischen Streitkräfte den altgedienten Doppeldecker für dieselben Zwecke wie die Nordkoreaner einplanen und seine hervorragenden STOL-Fähigkeiten dazu nutzen würden, Truppen punktgenau an Zielen im Norden abzusetzen.

ANTONOW AN-2

Herkunftsland	UdSSR
Hersteller	Antonow
Erstflug	31. August 1947
Abmessungen	Länge 14,40 m Spannweite 18,20 m Höhe 4,10 m
Startgewicht max.	5.440 kg
Antrieb	1x luftgekühlter 735 kW (1.000 PS) Schwezow-ASch-62IR-Neunzylinder-Sternmotor
Höchstgeschwindigkeit	258 km/h
Reichweite	845 km
Dienstgipfelhöhe	4.500 m (14.800 ft)
Besatzung	1 oder 2 Piloten, bis zu 12 Passagiere
Bewaffnung	–

DIE CIA AIR BRANCH

Direkt nach ihrer Gründung im Jahr 1946 versuchte sich die US Central Intelligence Agency (CIA) auch in der Luftfahrt. Ins Rampenlicht geriet ihre Lockheed U-2, insbesondere mit dem Abschuss von Francis Gary Powers während eines Fluges über der Sowjetunion im Jahr 1961. Die viel gepriesene Lockheed SR-71 Blackbird (Erstflug: 1964), das noch immer schnellste bemannte Düsenflugzeug, war eine Weiterentwicklung der Lockheed A-12 des Oxcart-Projekts der CIA. Relativ bekannt ist auch die Tatsache, dass die CIA zwischen 1950 und 1976 ihre eigene Fluggesellschaft Air America für verdeckte Einsätze betrieb.

Heute ist die Luftfahrtabteilung Air Branch der Special Activities Division (SAD) der CIA wohl die geheimnisumwittertste aller derartigen US-Einheiten. Ihre Aufgabe ist der verdeckte Einsatz zur Unterstützung von CIA-Operationen. Angesichts des streng geheimen Charakters der meisten Flüge verwundert es nicht weiter, dass nur wenige Einzelheiten über die beteiligten Flugzeuge und ihre spezifischen Einsatzzwecke bekannt sind.

Obwohl die CIA nach außen eine zivile Behörde ist, kommen die Elitepiloten der Air Branch größtenteils vom Air Force Special Operations Command und vom 160th Special Operations Aviation Regiment. Auch einige zivile Piloten sind im Einsatz. Zu den Aufgaben der Air Branch mit ihrer Vielzahl von Flugzeugtypen gehören die verdeckte Ein- und Ausschleusung von CIA-Personal, der verdeckte Transport sensibler Fracht sowie die Überwachung und Nachrichtengewinnung aus der Luft. Die eingesetzten Flugzeuge sind meist bei CIA-eigenen Scheinfirmen registriert. Zu den bekannten CIA-Luftfahrzeugen gehören die DHC-6 Twin Otter, die DHC Dash-8, die Antonow An-32, die Boeing 737, der Hubschrauber Mil Mi-8 Hip und die Drohne MQ-1.

Spionageflugzeug U-2

Dies ist das Wrack von Francis Gary Powers U-2C. Sie wurde am 1. Mai 1960 von einer sowjetischen Boden-Luft-Rakete abgeschossen, sehr zur Verlegenheit der Regierung von Präsident Eisenhower.

ANTONOW AN-26

Obwohl die Zahl zweimotoriger taktischer Transportflugzeuge weltweit abnimmt, ist die An-26 weiterhin ein wichtiger Bestandteil vieler Streitkräfte. Der mit Abstand größte Nutzer ist Russland mit rund 100 Maschinen. Auch die meisten Staaten des ehemaligen Warschauer Pakts fliegen immer noch Exemplare dieses äußerst anpassungsfähigen Transportflugzeugs. Die An-26 wurde 1970 in Dienst gestellt und erhielt den NATO-Codenamen Curl. Sie ist eine Weiterentwicklung des taktischen Transportflugzeugs An-24T. Mit der Heckladerampe änderte sich die Nutzung des Flugzeugs, das nun Fallschirmjäger und Luftlandefracht transportieren konnte und das einfache Be- und Entladen von Fahrzeugen möglich machte. Eine Besonderheit der Rampe ist, dass sie unter den Rumpf einfährt. So kann ein Lastwagen bis ans Heck des Flugzeugs heranfahren und Fracht oder Nachschubgüter liefern. Die Nachfolgerin An-32 machte 1976 ihren Erstflug. Sie ist im Wesentlichen eine überarbeitete An-2 und besser geeignet für den Einsatz von hochgelegenen Plätzen und bei hohen Umgebungstemperaturen. Mit ihren Iwtschenko-AI-20-Triebwerken verfügt die An-32 über etwa die doppelte Leistung wie ihre Vorgänger An-26 mit AI-24-Antrieben. Sie wurde im Auftrag Indiens für den Einsatz in den dortigen Gebirgsregionen entwickelt. Im Jahr 2022 standen bei der indischen Luftwaffe etwas mehr als 100 Flugzeuge im Einsatz.

Die Aktivitäten der russischen Spezialkräfte sind geheim, doch ihr Einsatz von An-26 ist bekannt. Ausgezeichnete STOL-Eigenschaften und die Fähigkeit, von unbefestigten Pisten zu operieren, machen die An-26 zum wohl wichtigsten

ANTONOW AN-26

Herkunftsland	UdSSR
Hersteller	Antonow
Erstflug	21. Mai 1969
Abmessungen	Länge 23,80 m Spannweite 29,30 m Höhe 8,75 m
Startgewicht max.	24.000 kg
Antrieb	2x 2.103 kW (2.820 PS) Progress-AI-24VT-Turboprop-Triebwerk
Höchstgeschwindigkeit	540 km/h
Reichweite	2.500 km mit maximalem Treibstoffvorrat
Dienstgipfelhöhe	7.500 m (24.600 ft)
Besatzung	5, bis zu 40 Passagiere
Bewaffnung	–

ANTONOW AN-26
Das taktische Transportflugzeug An-26 ist in den Staaten des ehemaligen Warschauer Pakts nach wie vor weit verbreitet. Hier ein Exemplar der russischen Marine. Die An-26 ist eine der wenigen sowjetischen Konstruktionen im Dienst einer USAF-Einheit, der 6th Special Operations Squadron.

ILJUSCHIN IL-76MD-90A

Der verglaste Bug mit dem Navigator-Platz bietet eine hervorragende Bodensicht, ideal für die Navigation in abgelegenen Gebieten mit nur vereinzelten Navigationshilfen.

taktischen russischen Flächenflugzeug. Auf der anderen Seite der Welt nutzte die 6th Special Operations Squadron der USA die An-26 von 2003 bis 2007. In der Zwischenzeit bauten die Chinesen eine nicht lizenzierte Version für die Luftwaffe der Volksbefreiungsarmee als Xian Y-7H, die wahrscheinlich für Spezialeinsätze verwendet wurde. Die Herstellung der An-26 endete im Jahr 1986, während die Y-7H weiterhin produziert wird.

ILJUSCHIN IL-76

Die äußerst erfolgreiche Il-76 ist seit 1974 im Einsatz und seit ihrem Erstflug im März 1971 in Produktion. Sie wurde als strategisches Mehrzweck-Flugzeug in der Sowjetunion entwickelt, um eine Nutzlast von 33.000 Kilogramm über eine Distanz von 5.000 Kilometern zu befördern. Die Besatzung bestand aus zwei Piloten, Flugingenieur, Funker und Lademeister auf dem Oberdeck, einem Navigator auf dem Unterdeck und einem optionalen Heckschützen. Die Il-76 sollte von relativ kurzen, unvorbereiteten Landebahnen und unter den härtesten Wetterbedingungen operieren, die in Sibirien und den arktischen Regionen der Sowjetunion auftreten können. Die hintere Frachttür lässt sich zum leichteren Absetzen von Fallschirmjägern und Fracht während des Fluges öffnen. Größter Nutzer war die Sowjetunion, und zahlreiche Il-76 sind nach wie vor bei den russischen Streitkräften im Dienst. Ende 2021 waren es mehr als 100 Maschinen, weitere sind bestellt. Das Flugzeug war auch auf dem Exportmarkt erfolgreich. Indien und China erwarben große Il-76-Flotten, die Luftstreitkräfte von zwölf weiteren Ländern haben Il-76 in ihren aktiven Beständen.

Die außergewöhnlich robuste Il-76 bewies bei Einsätzen in Afghanistan schon früh ihre Qualitäten. Da die afghanischen Rebellen keine Waffen gegen die in großer Höhe fliegenden Il-76 hatten, versuchten sie, die Flugzeuge bei Start und Landung zu beschädigen oder zu zerstören. So wurden die IL-76 laufend von schultergestützten Stinger- und Strela-Infrarotraketen und großkalibrigem Maschinengewehrfeuer getroffen. Dank ihrer robusten Konstruktion konnten sie erhebliche Schäden verkraften und lufttüchtig bleiben, ihre Verluste waren erstaunlich niedrig. Erfolgreiche sowjetische Erfahrungen bewogen die kanadischen Streitkräfte, von 2001 bis 2014 einen Großteil ihrer Ausrüstung für die Internationale NATO-Sicherheitsunterstützungstruppe (ISAF) von zivilen Il-76 nach Afghanistan fliegen zu lassen. Die Il-76 ist bei zivilen Betreibern als umgewandeltes Militärflugzeug ausgesprochen populär.

Die Nutzung der Il-76 durch Spezialeinheiten ist wie bei anderen russischen Flugzeugtypen nicht genau bekannt. Berichten zufolge wurde aber eine getarnte Spezialvariante entwickelt. Sie unterscheidet sich von der serienmäßigen Il-76MD-90A durch die opto-elektronische Ausrüstung des President-C-Systems am unteren Bug, das die Steuerung gegnerischer MANPADS (tragbarer Flugabwehrsysteme) und wärmesuchender IR-Raketen durch Laser-, Funk- und Elektronik-Jamming stören soll. Das Flugzeug ist mit moderner Avionik, neuen Kommunikations- und Flugnavigationssystemen sowie einem neuen Kollisionswarnsystem für den Tiefflug ausgestattet.

Die Il-76-MD-90A (Baujahr 2012) ist eine aktualisierte Version mit mehr Reichweite und einer maximalen Nutzlast von 60 Tonnen. Es hat neue Tragflächen, leistungsstärkere Triebwerke, ein Glascockpit und ein neues Selbstschutzsystem mit Warnsensoren, aktivem Infrarot-Störsender und -Täuschkörper. Die Besatzung umfasst fünf Personen.

ILJUSCHIN IL-76TD

Herkunftsland	UdSSR
Hersteller	Iljuschin
Erstflug	25. März 1971
Abmessungen	Länge 46,59 m Spannweite 50,50 m Höhe 14,76 m
Startgewicht max.	190.000 kg
Antrieb	4x Solowjow-D-30KP-Turbofan mit 122 kN Schub
Höchstgeschwindigkeit	850 km/h
Reichweite	5.400 km mit 40 t Zuladung
Dienstgipfelhöhe	15.500 m (50.850 ft)
Besatzung	5
Bewaffnung	2x 23-mm-Grjasew-Schipunow-GSch-23-Kanone in einem radargesteuerten, bemannten Heckturm

Iljuschin Il-76

Das Cockpit der Il-76 ist im berühmten, zur Sowjetzeit entwickelten benutzerfreundlichen Türkis gehalten. Die große Blackbox vor der Windschutzscheibe enthält den Bildschirm für das Koopol-Navigationsradar.

Lockheed C-130J Hercules

Die Royal Air Force übt regelmäßig den taktischen Einsatz ihrer C-130-Flugzeuge. Diese Hercules C5 führte im April 2021 taktische Landungen und Starts am öffentlichen Strand von Cefn Sidan Sands in Westwales durch.

LOCKHEED C-130 HERCULES

Die Hercules gehört zu den erfolgreichsten Militärflugzeugen aller Zeiten und bewährte sich bei unzähligen Einsätzen auf Schauplätzen in aller Welt. Sie machte schon 1954 ihren Erstflug und wird noch heute als am längsten ununterbrochen produziertes Militärflugzeug der Geschichte gebaut. Die C-130 ist in der westlichen Hemisphäre als taktisches Lufttransportmittel praktisch allgegenwärtig und dient seit vielen Jahren Spezialeinheiten. Schon 1964 wurden USAF-C-130 der 322nd Airlift Division bei einer aufsehenerregenden Aktion unter dem Codenamen Operation Dragon Rouge genutzt. Sie setzten belgische Fallschirmjäger über Stanleyville (Belgisch-Kongo) ab, um Geiseln aus den Händen von Simba-Rebellen zu befreien. Etwa 17 Jahre später flogen bei Operation Thunderbolt israelische C-130 im Tiefstflug zum Flughafen Entebbe (Uganda) und retteten bei einem der gewagtesten Einsätze der Geschichte über 100 Geiseln.

MC-130 und Combat Talon

Zu diesem Zeitpunkt hatte Lockheed in den USA für den Nachschub, die Ein- und Ausschleusung von Sondereinsatzkräften und die Luftbetankung von Spezialeinsatzhubschraubern die spezielle Hercules-Variante MC-130E entwickelt. Diese modifizierten C-130 waren für Vietnam-Einsätze der MACV-SOG beschafft, nachdem sich sechs C-123 Provider für die unkonventionelle Kriegsführung zu klein und leistungsschwach gezeigt hatten. Die neuen MC-130E (modifizierte C-130E) waren mit den scherenartigen Bug-Hörnern

des Fulton-Boden-Luft-Bergungssystems STARS leicht von Serienflugzeugen zu unterscheiden. Sie trugen einen reflektierenden, dunkelgrün-schwarzen Anstrich, der ihnen auf ihren geheimnisumwobenen Einsätzen den Spitznamen Blackbird einbrachte. 14 MC-130E wurden gebaut. Sie erhielten 1967 die offizielle Bezeichnung Combat Talon und flogen in Vietnam eine beachtliche Zahl von Hubschraubertanker- und Navigationseinsätzen, oder dienten als fliegender Gefechtsstand wie bei der bemerkenswerten Operation Kingpin. Bei dieser Mission sollten Spezialeinheiten US-Kriegsgefangene aus dem Lager Son Tay befreien. Obwohl die Operation Kingpin mit vollem Einsatz durchgeführt und als taktischer Erfolg gefeiert wurde, entpuppte sie sich als Fehlschlag der Geheimdienste: Wie sich herausstellte, wurden im Lager keine Gefangenen festgehalten.

Combat Talon kehrt zurück

Mit dem Rückzug aus Vietnam drohte den Combat Talons die Ausmusterung, da die USAF ihre Spezialoperationen verringern wollte. Der erfolgreiche Einsatz der MC-130E bei der Überwachung der nordkoreanischen Küste und der beeindruckende israelische Angriff auf Entebbe ließen jedoch wieder Interesse am Combat-Talon-Programm aufkommen. Die Flugzeuge nahmen an Operation Eagle Claw (zur Rettung in Teheran festgehaltener US-Botschaftsmitarbeiter) und Operation Urgent Fury (der US-Invasion in Grenada) teil. Eagle Claw war zwar erfolglos, hatte aber großen Einfluss auf die weitere Entwicklung der Combat Talon. Bei beiden Einsätzen leisteten MC-130Es tadellose Arbeit. Sie nahmen auch an der US-Invasion in Panama 1989 (Operation Just Cause) teil, ein Jahr darauf an Operation Desert Storm. In der Kampfphase dieser Unternehmung brachten Combat-Talon-Flugzeuge ein Drittel aller abgeworfenen Versorgungsgüter. Zur Zeit des Golfkrieges erhielten die MC-130Es

LOCKHEED MC-130H

Herkunftsland	USA
Hersteller	Lockheed Martin
Erstflug	23. August 1954
Abmessungen	Länge 30,40 m Spannweite 40,41 m Höhe 11,73 m
Startgewicht max.	70.307 kg
Antrieb	4x 3.660 kW (4.910 PS) Allison-T56-A-15-Turboprop-Triebwerk
Höchstgeschwindigkeit	540 km/h
Reichweite	5.000 km
Dienstgipfelhöhe	10.000 m (33.000 ft)
Besatzung	7
Bewaffnung	normalerweise keine; BLU-82-Daisy-Cutter und GBU-43/B-Massive-Ordnance-Air-Blast (MOAB) können über die hintere Laderampe abgeworfen werden

Lockheed EC-130J Hercules Commando Solo

Die riesigen Antennen an beiden Seiten des Leitwerks verraten dieses Flugzeug sofort als EC-130J Commando Solo Psychological Operations (PSYOP). EC-130Js kamen während des libyschen Bürgerkrieges und zur Störung der Kommunikation des Islamischen Staats zum Einsatz.

Ausbildung von Spezialkräften
Aufsehenerregender Abgang: Ein US-Soldat des 1st Battalion der 10th Special Forces Group salutiert beim Absprung aus einer Hercules über einem deutschen Absetzgebiet.

Verstärkung durch MC-130P Combat Shadows, eine weitere Hercules-Variante für Spezialeinsätze, die ebenfalls hauptsächlich für die Luftbetankung von Hubschraubern bei Tag- und Nachtmissionen konzipiert wurde. Combat Shadows sind etwas einfacher ausgestattet, besitzen im Gegensatz zum Combat Talon kein Geländeverfolgungsradar und können bei schlechter Sicht keine Tiefflugeinsätze machen. Außerdem verfügen sie nicht über modernere Selbstschutzeinrichtungen der MC-130E wie den DIRCM-Infrarot-Störsender, was ihre Rolle auf Nachteinsätze über gegnerischem Territorium beschränkt. Die MC-130P hat im Vergleich zum Combat Talon auch einige Einschränkungen beim Absetzen von Fallschirmjägern und Lasten.

Combat Talon II

Die MC-130E Combat Talon I wurde 2013 endgültig ausgemustert, 2015 folgte die MC-130P Combat Shadow. Zu diesem Zeitpunkt war die Combat Talon II als Teil-Ersatz schon über

Vorbereitung zum Absprung
Soldaten der Spezialeinheiten bereiten sich bei einer Übung auf den Absprung aus einer C-130 vor. Der geräumige Rumpf ermöglicht die Beförderung von bis zu 64 voll ausgerüsteten Luftlandesoldaten.

Fallschirmsprung
US-Marines des 1st Battalion der 1st Special Forces Group über der Tsuken-Jima-Absetzzone vor Okinawa (Japan) beim Fallschirmsprung mit automatischer Auslösung aus einer KC-130J Hercules.

30 Jahre im Einsatz. Sie ist eine Weiterentwicklung der außergewöhnlichen Super-STOL-XFH-130H. Diese wurde für die Operation Credible Sport konzipiert, das Folgeprojekt der misslungenen Operation Eagle Claw. Dabei sollte eine Hercules in einem Teheraner Fußballstadion landen und mit befreiten Geiseln und ihren Delta-Force-Rettern wieder abheben. Die eingesetzte XFH-130H verfügte über 30 Feststoffraketen: Acht davon feuerten nach vorn, um das Flugzeug zu verlangsamen und zu stoppen, acht nach unten, um den Sinkflug abzubremsen, acht nach hinten, um den Start zu unterstützen. Je zwei Raketen an den Tragflächen sollten Bewegungen um die Hochachse stabilisieren, bis die Querruder mit zunehmender Geschwindigkeit ihre Wirkung zeigten. Erprobungsflüge belegten die Wirksamkeit dieser außergewöhnlichen Zusatzausrüstung, aber die erste XFH-130H verunglückte auf einem Testflug und musste somit abgeschrieben werden. Bevor das zweite der drei geplanten Credible-Sport-Flugzeuge fertiggestellt wurde, konnte die

Pathfinders

Truppen des Pathfinder Platoon der Royal Army gehen an Bord einer C-130 der Royal Air Force. Diese Spezialeinheit fungiert als Vorstoß- und Aufklärungstruppe der 16th Air Assault Brigade.

Freilassung der Geiseln auf diplomatischem Wege erreicht werden. Ein Flugzeug wurde daraufhin wieder zum normalen Frachter umgerüstet. Das andere ging mit seinen Modifikationen zur Weiterentwicklung ins Combat-Talon-II-Programm und erhielt den Namen Credible Sport II.

Die Erprobungsflüge wurden 1981 und 1982 fortgesetzt. 1987 begann die Auslieferung der Combat Talon II, doch durch Verzögerungen bei der Umrüstung konnte die erste MC-130H Combat Talon II erst 1991 in Dienst gestellt werden. Das AN/APQ-170-Multimode-Radar der Serienflugzeuge sitzt unter einer markanten, verlängerten Bugverkleidung. Sie beherbergt auch einen FLIR-Infrarotsensor. Er erlaubt der MC-130 mit dem Geländeverfolgungsradar bei allen Wetterbedingungen eine Flughöhe von unter 75 Metern. Zu den Selbstschutzmaßnahmen gehören IR-Täuschkörper und zwei AN/AAQ-24(V)-Nemesis-Directional-Infrared-Countermeasures(DIRCM)-Pods, angebracht auf beiden Seiten des hinteren Rumpfs, gegen wärmesuchende Luft-Luft- und Boden-Luft-Raketen. Radarwarnempfänger, Düppelwerfer und elektronische Störsender schützen vor radargelenkten Waffen. Das Flugzeug kann zu einem fliegenden Hospital mit bis zu 50 Krankentragen umgerüstet werden. Zwei so ausgestattete MC-130 dienten 2001 nach einem Zwischenfall mit Beschuss durch eigene Truppen in Afghanistan der Evakuierung und Erstversorgung verwundeter Soldaten der Special Forces und dem Transport weiterer Truppen.

Combat Talon II flogen in den 1990er-Jahren Balkan-Einsätze zur Unterstützung friedenserhaltender Maßnahmen in Bosnien und Herzegowina. 1996 dienten sie im Rahmen von Operation Assured Response zum ersten Mal Spezialeinheiten bei der Rettung von rund 2.000 Angehörigen der US-Botschaft in Liberia. Die MC-130H-Flotte war in den Folgejahren bei verschiedenen Operationen in Afghanistan und im Irak für Spezialeinheiten im Einsatz.

CREDIBLE SPORT UND SUPER-STOL

Die Beendigung des iranischen Geiseldramas verhinderte den Einsatz der stark modifizierten Credible Sport XFC-130H mit ihren außerordentlichen STOL-Fähigkeiten. Ihre Existenz war aber ein weiterer Beweis der Vielseitigkeit der C-130. Alle zur Landung und zum Raketenstart im Amjadiyeh-Stadion (heute Shahid-Shiroudi-Stadion) in Teheran erforderlichen Umrüstungen an zwei C-130 mussten in 90 Tagen geplant und durchgeführt werden.

Das erste Flugzeug stand sogar schon drei Wochen nach Projektbeginn zur Erprobung bereit. Die Leistung der regulären JATO(jet-assisted take-off)-Raketen reichte nicht aus, so dass ein komplizierter Mix aus Raketenmotoren nötig war. Acht Triebwerke der schiffsgestützten ASROC-U-Boot-Abwehrrakete kamen zum Abbremsen der Hercules an den vorderen Rumpf, acht nach unten gerichtete Shrike-Raketen über die Fahrwerkschächte, um den Sinkflug des Flugzeugs zu verlangsamen. Acht nach hinten gerichtete Raketen des RIM-66-Standard-Lenkflugkörpers am hinteren Rumpf dienten zur Beschleunigung beim Start, zwei weitere, paarweise an Flügelstationen montierte Shrike-Raketen zur besseren Steuerfähigkeit der Hochachse im Langsamflug und zwei ASROCs am äußersten Ende des Hecks, um beim Start bei abrupter Höhenruderbewegung eine Bodenberührung zu vermeiden. Bei den Tests funktionierten alle Einzelsysteme einwandfrei, und die erste Erprobung des Gesamtsystems erbrachte eine unglaublich kurze Startstrecke.

Bei der Landung sollten die Raketen computergesteuert abfeuern. Dazu war jedoch eine weitere Kalibrierung erforderlich, und die Besatzung entschied sich schließlich für die Raketenbedienung von Hand. Geblendet vom Zünden der oberen Bremsraketen und in der Annahme, das Flugzeug sei schon gelandet, zündete der Flugingenieur die unteren Raketen zu früh, und die Sinkflug-Bremsraketen kamen gar nicht zum Einsatz. Die Fluggeschwindigkeit nahm abrupt ab, die Hercules krachte heftig auf die Landebahn, und die rechte Tragfläche zerbrach zwischen den beiden Steuerbordtriebwerken. Ein ausbrechendes Feuer konnte zum Glück schnell gelöscht werden, so dass die Besatzung das Flugzeug unverletzt verlassen konnte. Als das zweite Flugzeug einsatzbereit war, war die Geiselnahme bereits beendet.

Lockheed C-130H
Eine C-130H der 910th Airlift Wing im Jahr 2020 beim Start in Youngstown (Ohio). Diese Ansicht zeigt das weich gefederte High-Flotation-Fahrwerk, geeignet für Landungen auf unvorbereiteten Pisten.

Bei den beiden letztgenannten Operationen warfen Combat-Talon-Flugzeuge über irakischen und Taliban-Truppenansammlungen von der hinteren Laderampe mehrere BLU-82 Daisy Cutter ab. Diese 5.700 Kilogramm schwere Bombe ist die größte konventionelle Waffe im US-Bestand. Von den 24 gebauten MC-130H-Flugzeugen sind noch 16 im Einsatz. Sie sollen 2024 ausgemustert werden.

Combat Wombat

Die intensive Nutzung der MC-130E/H/P-Flotte im sogenannten US-Krieg gegen den Terror führte zu Verlusten bei der Ausbildung und im Einsatz. Sie gab den Anstoß zur Beschaffung der MC-130W Combat Spear, durch deren Zusatz W der Spitzname Combat Wombat (Kampf-Fledermaus) aufkam.

Zwölf Flugzeuge, C-130H-2, stammten aus dem USAF-Bestand der späten 1980er-Jahre. Sie besaßen bereits Avionik für Spezialkräfte wie die MC-130H und die MC-130P: GPS, AN/APN-241-Wetter-/Navigationsradar, Nachtsichtgerät-kompatible Innen- und Außenbeleuchtung, aktuelle Warnempfänger und automatischen Selbstschutz mit aktiven Infrarot-Gegenmaßnahmen, Düppel und IR-Täuschkörper, modernisierte Kommunikationssysteme mit dualer Satellitenkommunikation und Databurst-Übertragung, Luftbetankungsausrüstung und die Fähigkeit, Hubschrauber und CV-22-Osprey-Flugzeuge mit dem Refuelling-Pod Mk 32B-902E zu betanken. Die Umrüstung erfolgte schnell und relativ kostengünstig. Sie vermied die lang andauernde und teure Entwicklung einer von der neueren C-130J abgeleiteten Special Operations Hercules.

Combat-Spear-Flugzeuge haben nicht das Geländefolgeradar der Combat Talon, dafür ein verstärktes Heck für schnelle Abwürfe im Tiefflug. Das Flugzeug rangiert mit seinen Fähigkeiten etwa zwischen der Combat Talon I/II MC-130E/H und der Combat Shadow MC-130P. Die erste MC-130W wurde 2006 beim Air Force Special Operations Command in Dienst gestellt. Bis zum Jahr 2010 waren alle Flugzeuge voll einsatzfähig.

Dragon Spear

Weitere Typenverwirrung brachte die Gunship-Umrüstung einiger MC-130W Combat Spear als Ergänzung der AC-130-Flotte für die Luftnahunterstützung, bewaffnete Aufklärung und Überwachung mit modularen, anpassbaren Roll-on/Roll-off-Precision-Strike-Package(PSP)-Kits. Das Flugzeug erhielt die neue Bezeichnung AC-130W und den Namen Dragon Spear (Drachenspeer). Planung und Umsetzung

Absprung mit Reißleine
Soldaten des 1st Battalion der 10th Special Forces Group (Airborne) beim Absprung aus einer C-130J Hercules über einem deutschen Übungsgebiet.

geschahen mit beachtlicher Geschwindigkeit: Vom Entwurf bis zum Erstflug vergingen nur 90 Tage, bis zum Einsatz nur 18 Monate. Die Flugzeuge bekamen eine Bushmaster-II-GAU-23/A-30-mm-Kettenkanone, Sensoren und Kommunikationssysteme. Die Dragon Spear trägt außerdem das präzisionsgelenkte Gunslinger-Waffensystem. Es besteht aus einem Werfer, der in schneller Folge bis zu zehn GBU-44/B-Viper-Strike oder alternativ AGM-176-Griffin-Kleinmunition abfeuern kann, sowie aus Tragflächenstationen für Hellfire-Raketen, GBU-39-Small-Diameter-Bombs (SDBs) und/oder GBU-53/B-SDB-II. Die erste AC-130W wurde Ende 2010 nach Afghanistan entsandt. Einen Monat danach griff sie in die Kämpfe ein und feuerte eine Hellfire-Rakete gegen aufständische Kräfte. Weitere Verbesserungen im Jahr 2012 umfassten ein Sensorpaket mit Tag-/Nacht-Videokameras und einer Vergrößerungsfunktion. Das Flugzeug erhielt die Bezeichnung AC-130W Stinger II.

Heute ist die Stinger-II-Flotte mit einem Enhanced-Situational-Awareness(ESA)-Paket ausgestattet. Es liefert nahezu in Echtzeit Informationen und Daten zur Entdeckung, Identifizierung, Lokalisierung und Abwehr von Bedrohungen und beinhaltet ein Infrarotunterdrückungssystem. Die Flugzeuge bekamen außerdem eine zusätzliche 105-mm-M102-Haubitze, die wie die 30-mm-Kanone seitwärts feuern kann.

MC-130J Commando II
Eine Formation von MC-130J Commando II im Jahr 2021 vor der Küste Okinawas (Japan). Die 1st Special Operations Squadron nutzt die MC-130J zur Ein- und Ausschleusung und für den Transport von Nachschub für Spezialkräfte oder der Ausrüstung in feindliches oder unzugängliches Gebiet.

Super Hercules

Die gestreckte und verbesserte C-130J Super Hercules machte 1996 ihren Erstflug. Sie erwarb 2006 die Grundeinsatzbefähigung in der Transporter-Basisversion. Spezialisierte Varianten dieses leistungsfähigeren Hercules-Modells ließen nicht lange auf sich warten, C-130Js wurden inzwischen für so unterschiedliche Aufgaben wie Wetteraufklärung, Luftbetankung und elektronische Kampfführung umgerüstet. Die besonderen Anforderungen für Sondereinsätze führten zur Entwicklung von nicht weniger als drei Super-Hercules-Ablegern: MC-130J Commando II, AC 130J Ghostrider und EC-130J Commando Solo. Die erstgenannte Variante ist am häufigsten vertreten und ging im Jahr 2011 erstmals an die 522nd Special Operations Squadron. Bis Ende 2025 sollen 57 Maschinen beschafft werden. Die MC-130J hat mittlerweile die MC-130E Combat Talon I und die MC-130P Combat Shadow ersetzt und wird auch die MC-130H nach Abschluss der Lieferungen ablösen. Sie basiert auf der KC-130J des Marine Corps und unterscheidet sich von der alten Hercules vor allem durch das neue, an den sechsblättrigen Propellern leicht zu erkennende Rolls-Royce-AE-2100-Triebwerk. Seine höhere Leistung ermöglicht 40 Prozent mehr Reichweite, 21 Prozent mehr Höchstgeschwindigkeit und eine um 41 Prozent verkürzte Startstrecke. Navigator und Flugingenieur fielen weg, dafür bietet das Cockpit der Commando II einen Arbeitsplatz für den Combat Systems Officer. Ein computergesteuertes Enhanced Cargo Handling System erleichtert die Be- und Entladung. Zu den Änderungen an der Struktur gehören neue Enhanced-Service-Life-Wing-Tragflächen. Commando II fliegt wie die Vorgängermodelle allein oder in Formation im Tiefstflug verdeckte Missionen oder Minimum-Sicht-Einsätze. Sie dient der Ein- und Ausschleusung, dem Nachschubtransport für Spezialeinheiten durch Airdrop oder Landung sowie der Luftbetankung von Spezialeinsatz-Hubschraubern und Tiltrotorflugzeugen, die in politisch sensiblen oder feindlichen Gebieten operieren. Die MC-130J fliegt ihre Einsätze hauptsächlich nachts, um die Wahrscheinlichkeit der Entdeckung durch Flugabwehr zu verringern.

Gunship-Variante

Das Special Operations Command betreibt zur Luftnahunterstützung von Spezialeinheiten, Abriegelung aus der Luft und bewaffneten Aufklärung auch die modernisierte Gunship-Variante AC-130J Ghostrider. Hercules-Flugzeuge dienen bereits seit dem Vietnamkrieg als Gunships, mit Aufgaben, die die AC-47 Spooky eingeführt hatte. Sie war schneller als damalige Hubschrauber, konnte höher fliegen und länger vor Ort bleiben. Die AC-47 konnte aus einem exakt geflogenen Kreis (Pylon-Turn) heraus kontinuierlich auf ein Bodenziel feuern. Die AC-130A Spectre löste die AC-47 mit ihrer höheren Geschwindigkeit und Nutzlast in Vietnam ab und wurde dort

Lockheed AC-130H Hercules Spectre

Mit ihren zwei 20-mm-M61-Vulcan-Kanonen, einer L/60-Bofors-40-mm-Kanone und einer M137-105-mm-Kanone verfügte die Spectre über eine furchterregende Feuerkraft. Die AC-130H wurde inzwischen durch die neue AC-130J Ghostrider Gunship ersetzt.

intensiv genutzt. Sie trug zunächst vier 7,62-mm-GAU-2/A-Miniguns und zwei 20-mm-M61-Vulcan-Gatling-Kanonen, in der Version AC-130E später zwei 40-mm-L/60-Bofors-Kanonen. Die letzte Variante im Vietnamkrieg, die AC-130H, verfügte zusätzlich zu den 40-mm- und 20-mm-Kanonen über die verheerende Feuerkraft einer 105-mm-M102-Haubitze. Auf das Konto der AC-130-Flotte geht die Zerstörung von über 10.000 Lastwagen. Sechs Flugzeuge gingen in Vietnam durch Feindeinwirkung verloren.

Nach dem Vietnamkrieg kamen die AC-130 zum Special Operations Command, wo die Hercules-Gunships bis heute Spezialeinsatz-Einheiten dienen. Die AC-130 war in praktisch jeder größeren Militäroperation der USA präsent, so auch bei Operation Urgent Fury (Grenada, 1983), als die Flugzeuge feindliche Luftabwehrsysteme ausschalteten und die von ihnen abgesetzten US-Soldaten bei der Erstürmung des Flugplatzes Point Salines gegnerische Bodentruppen angriffen. In jüngerer Zeit waren die AC-130 in Afghanistan sehr aktiv und flogen zahlreiche Einsätze gegen aufständische Kräfte. Besonders erwähnenswert ist die umstrittene Operation Anaconda, bei der Spezialeinheiten von mindestens sieben Nationen an einer der größeren Schlachten gegen Taliban-Kämpfer teilnahmen und AC-130 in großem Umfang zur Unterdrückung feindlicher Kräfte dienten.

Die jüngste AC-130-Variante, Ghostrider, besitzt das Precision Strike Package der AC-130W Stinger II. Dazu gehören moderne Feuerleitausrüstung, eine Mission-Management-Konsole, ein leistungsfähiges Kommunikationspaket, zwei elektro-optische/Infrarot-Sensoren, die Fähigkeit zum Einsatz präzisionsgelenkter Munition und seitlich montierte, bewegliche 30-mm- und 105-mm-Kanonen. Die Erprobung eines 60-kW-Festkörperlasers anstelle der 30-mm-Kanone auf der MC-130J sollte im Laufe des Jahres 2023 beginnen. Er könnte als vielseitige, nicht-tödliche Alternative zu der derzeit eingebauten konventionellen Waffe dienen.

Die AC-130J Ghostrider erlangte 2017 ihre Grundeinsatzfähigkeit und kam im Juni 2019 in Afghanistan erstmals zum Einsatz. Alle AC-130Js werden als Standard-MC-130Js gebaut, anschließend auf Gunship-Standard umgerüstet und mit Modifikationen für Spezialeinsätze ausgestattet. Diese werden während der gesamten Nutzungsdauer des Flugzeugs kontinuierlich aktualisiert. Zu den jüngsten Neuerungen gehören eine aktuelle Software für höhere Kanonen-Treffsicherheit, an den Flügeln montierte Hellfire-Luft-Boden-Raketen, leichte GBU-69-Gleitmunition und kuppelförmige Sichtfenster.

Commando Solo

Als zweite C-130J-Variante für Spezialeinsätze dienten die drei Exemplare der kürzlich ausgemusterten EC-130J Commando Solo. Sie ist leicht an den markanten Antennen auf beiden Seiten des Seitenleitwerks zu erkennen. Das Flugzeug dient als Plattform für die psychologische Kriegsführung und kann Sendungen auf den üblichen zivilen AM-, FM-, HF- und TV-Frequenzen und auf militärischen Frequenzbändern übertragen.

Vier EC-130J-Maschinen wurden als Super J weiter modifiziert. Sie können nun neben ihrer Hauptrolle in der psychologischen Kriegsführung auch die üblichen Einsätze von Spezialkräften (Luftlandungen und die Ein- und Ausschleusung von Spezialkräften) durchführen. Die Commando Solo und Super J der 193rd Special Operations Wing der Pennsylvania Air National Guard waren von 2003 bis September 2022 im Einsatz.

AIR-TRACTOR-L3HARRIS AT-802U SKY WARDEN

Die Air-Tractor-L3Harris AT-802U Sky Warden soll 2026 bei den US-Spezialeinheiten in Dienst gestellt werden. Der Hersteller erhielt einen 3-Milliarden-Dollar-Auftrag über 75 Flugzeuge, die bis Ende 2029 geliefert werden sollen. Die Sky Warden ist eine bewaffnete Weiterentwicklung des Agrar- und Löschflugzeugs Air Tractor AT-802. Es wurde von L3Harris modifiziert, um Spezialeinheiten in irregulären Operationen zu unterstützen und ging siegreich aus der Ausschreibung Armed Overwatch hervor. Dieses Programm möchte kleinere Operationen in abgelegenen und kargen Gebieten wie beispielsweise Somalia und Westafrika bei der Beschaffung von wirksamen, relativ kostengünstigen und durchhaltefähigen Luftfahrzeugsystemen unterstützen. Durch ihre Herkunft als Agrarflieger – die robuste und bewährte Flugzeugzelle von Air Tractor wird seit 1990 produziert – eignet sich die AT-802U Sky Warden hervorragend für Einsätze unter primitiven Bedingungen. Das für ein modernes Kampfflugzeug eher langsame Fluggerät ist recht wendig. Es kann sechs Stunden in der Luft bleiben und besitzt zehn Waffenstationen. Die Sky Warden wird vermutlich Überwachungs-, Bomber-

AIR-TRACTOR-L3HARRIS AT-802U SKY WARDEN

Herkunftsland	USA
Hersteller	Air Tractor / L3Harris
Erstflug	Oktober 1990 (AT-802)
Abmessungen	Länge 11,40 m Spannweite 18,06 m Höhe 4,00 m
Startgewicht max.	7.257 kg
Antrieb	1x 1.200 kW (1.600 PS) Pratt-&-Whitney-PT6A-67F-Turboprop-Triebwerk
Höchstgeschwindigkeit	394 km/h
Reichweite	2.413 km
Dienstgipfelhöhe	7.620 m (25.000 ft)
Besatzung	2
Bewaffnung	10 Stationen für bis zu 4.100 kg Beladung, u.a. GBU-12 Paveway, AGM-114 Hellfire, AGR 20 Advanced Precision Kill Weapon System(APKWS) 70-mm-Raketen sowie ungelenkte Bomben und Gunpods

Air-Tractor/L3Harris AT-802U Sky Warden
Mit dem Gewinn der US-Special-Operations-Command-Ausschreibung Armed Overwatch erhielt der Hersteller im August 2022 einen Auftrag im Wert von drei Milliarden Dollar. Die Sky Warden soll die unbewaffnete U-28A Draco ersetzen und kann Munition tragen.

und Luftnahunterstützungseinsätze fliegen und kann dafür mit Lenkwaffen wie der APKWS-Rakete, der lasergesteuerten GBU-12-Bombe sowie Hellfire- und Griffin-Raketen bestückt werden. Das Air-Tractor-Basisflugzeug wird unter anderem mit militärischen Systemen und Sensoren, selbstabdichtenden Treibstofftanks und einer Panzerung für Cockpit und Motor umgerüstet.

CESSNA UC-27B

Das einmotorige Hochdecker-Nutzflugzeug kam 1982 als Cessna 208 Caravan auf den Markt und hat sich als ziviles wie militärisches Flugzeug bewährt. Bis Ende 2022 wurden fast 3.000 Exemplare fertiggestellt. Die äußerst vielseitige Caravan gab es auch als Cargomaster-Frachter und Passagierflugzeug Grand Caravan mit bis zu 14 Sitzplätzen. Cessna lieferte das Basis-Nutzflugzeug für militärische Zwecke als UC-27A an die USAF. Daneben entstand auch eine noch leistungsfähigere bewaffnete Version, die manchmal als AC-208 Combat Caravan bezeichnet wird. Diese wurde unter anderem an die Luftstreitkräfte Afghanistans, des Irak und des Libanon geliefert und diente der Bekämpfung von Aufständen in der irakischen Provinz Anbar mit Hellfire-Raketen. Einen besonders aufregenden Einsatz flogen drei AC-208, elf Standard-Caravans und drei Pilatus PC-12 der afghanischen Luftstreitkräfte, als sie afghanischen Luftwaffenangehörigen halfen, in letzter Minute aus Kabul nach Tadschikistan zu fliehen, bevor die Stadt an die Taliban fiel.

Wie inzwischen bestätigt wurde, nutzte das US Special Forces Command die modifizierte UC-27B bei der geheimnisumwitterten 427th Special Operations Squadron. Details der Umrüstungen sind nicht bekannt. Es handelt sich vermutlich um Verbesserungen der Kommunikations- und Selbstschutzsysteme und eine modernisierte Sensorausrüstung. Möglicherweise wurde die UC-27B auch inzwischen ausgemustert. Dies lässt sich allerdings nicht mit Sicherheit sagen,

CESSNA UC-27B

Herkunftsland	USA
Hersteller	Cessna
Erstflug	9. Dezember 1982 (AC-208 Caravan)
Abmessungen	Länge 11,46 m Spannweite 15,87 m Höhe 4,53 m
Startgewicht max.	3.629 kg
Antrieb	1x 503 kW (675 PS) Pratt-&-Whitney-Canada-PT6A-114A-Turboprop-Triebwerk
Höchstgeschwindigkeit	344 km/h
Reichweite	1.982 km
Dienstgipfelhöhe	7.600 m (25.000 ft)
Besatzung	1 oder 2
Bewaffnung	–

Cessna AC-208 Caravan
Hier rollt eine AC-208 Combat Caravan der irakischen Luftwaffe zum Start. Sie trägt am rechten Flügel eine AGM-114-Hellfire-Rakete. Irakische Forward Air Controller der Spezialkräfte führen die AC-208-Flugzeuge an ihre Ziele.

Cessna AC-208 Caravan

Eine irakische Caravan feuert auf dem Übungsplatz Aziziah (südlich von Bagdad) eine Hellfire-Rakete ab. Irakische AC-208 kamen bei Angriffen auf IS-Ziele im Zentrum und im Süden Fallujahs zum Einsatz.

da es keine Veröffentlichungen über die Ausrüstung der 427th SOS gibt. Die Caravan ist weiter in der Ausbildung von Spezialkräften der Luftstreitkräfte befreundeter Nationen im Einsatz. Ihre Weiterentwicklung MC-208 Guardian gehörte im Jahr 2022 zu den fünf Finalisten der Armed-Overwatch-Ausschreibung, unterlag aber der Air-Tractor/L3Harris AT-802U Sky Warden.

DE HAVILLAND CANADA DHC-8 DASH 8

Das US Special Operations Command ist ein langjähriger Nutzer der kanadischen Dash 8. Auch wenn Muster wie die Dornier C-146A Wolfhound viele Aufgaben dieses Turboprop-Flugzeugs übernahmen, erhielt das USSOCOM im Jahr 2019 zwei neue Dash 8 für Spezialeinsätze. Sie ersetzen zwei auf der viermotorigen Dash 7 basierende Flugzeuge für verdeckte Spionage. Die neuen Dash 8 unternahmen längere, geheime Überwachungsflüge, unter anderem zur Unterstützung von Antiterroreinsätzen in Libyen. Man vermutet, dass sie eine ähnliche Ausrüstung haben wie die für die Mission Airborne Reconnaissance Low (ARL) modifizierten, als RO-6A bekannten Dash 8 der US-Armee – nicht zuletzt, weil einer der Auftragnehmer, der diese Flugzeuge umbaute, die Arbeiten für das USSOCOM übernahm. Es ist daher zu erwarten, dass die neuen Dash 8 über hochauflösende elektrooptische/Infrarot-Bildgebung (EO/IR), digitale Karten und Full Motion Video (FMV), Fernmelde- und Elektronische Aufklärung (SIGINT), Fernmeldeaufklärung (COMINT), Radar zur Durchdringung von Blattwerk (FOPEN), Bodenradar zur Anzeige beweglicher Ziele/Radar mit synthetischer Apertur (GMTI/SAR), Dismount Moving Target Indicator (DMTI) für bewegliche menschliche Ziele und Bodenradar (GPEN) verfügen werden. Weitere, über die Ausrüstung der Army-Flugzeuge hinausgehende Verbesserungen dürften ebenfalls vorhanden sein.

Beim USSOCOM fungieren die Flugzeuge unter der Bezeichnung Dash 8 SOCOM Tactical Airborne Multi-sensor Platform (STAMP). 2021 wurde bekannt, dass sie den Namen Foxhound erhalten haben sollen. Auch wenn niemand weiß, ob es sich dabei um eine offizielle Bezeichnung handelt, wäre Foxhound eine seltsame Wahl – schließlich trägt auch der schwere russische Abfangjäger MiG-31 diesen NATO-Codenamen. Auch über die Einsätze der geheimnisvollen Dash-8-Flugzeuge ist wenig bekannt. Immerhin steht fest, dass sie zur Unterstützung laufender Spezialkräfte-Missionen im Ausland dienten und ein Flugzeug im Januar 2021 beim Al-Shabaab-Terroranschlag in Camp Simba/Manda Bay in Kenia zerstört wurde. Inzwischen wurde ein Ersatzflugzeug beschafft und eine weitere Dash 8 auf den Foxhound-Standard umgerüstet, so dass die aktuelle Flotte nunmehr aus drei Flugzeugen besteht.

DE HAVILLAND CANADA DHC-8

Herkunftsland	Kanada
Hersteller	De Havilland Kanada
Erstflug	20. Juni 1983
Abmessungen	Länge 25,70 m Spannweite 27,40 m Höhe 7,49 m
Startgewicht max.	19.505 kg
Antrieb	2x 1.687 kW (2.261 PS) Pratt-&-Whitney-Canada-PW123-Turboprop-Triebwerk
Höchstgeschwindigkeit	532 km/h
Reichweite	1.711 km
Dienstgipfelhöhe	7.620 m (25.000 ft)
Besatzung	2 Piloten plus Sensorbediener
Bewaffnung	–

DHC-8 Dash 8

Die Dash-8 ARL-E (Airborne Reconnaissance Low–Enhanced) mit der Army-Bezeichnung RO-6A löste die Dash-7 ARL-M (Airborne Reconnaissance Low–Multifunction) der US Army ab. Sie bietet luftgestützte Echtzeit-Aufklärung und ein spezielles Bereichsüberwachungssystem.

AIRBUS A400M ATLAS

Die A400M ist ein vielseitiges Flugzeug für strategische und taktische Lufttransporte. Sie wurde vom europäischen, multinationalen Airbus-Konsortium als Ersatz für die alternden C-130 Hercules und C-160 Transall mehrerer Luftstreitkräfte entwickelt. Das Flugzeug besetzt eine Nische zwischen der C-17 und der Hercules, denn es benötigt keine befestigten Pisten wie die Globemaster und kann größere Frachtstücke befördern als die C-130. Das erste Serienflugzeug wurde 2012 an die französische Luftwaffe ausgeliefert. Weitere neun Nationen haben die A400M bestellt, darunter überraschenderweise auch Luxemburg. Dessen A400M ist das einzige Flugzeug der dortigen Luftstreitkräfte.

Die A400M dient wie die C-17 meist konventionellen Transportaufgaben. Inzwischen wird das Muster auch beim deutschen Lufttransportgeschwader 62 in Wunstorf für Spezialkräfte-Operationen genutzt. Der Verband nimmt seit 2019 an entsprechenden Übungen und Schulungen teil. In Frankreich versorgen die A400M der Escadron de Transport 1/61 Touraine französische Spezialkräfte im Einsatz, nachdem die letzten C-160 Transall 2022 endgültig ausgemustert wurden. A400M absolvierten mehrere Tausend Flugstunden während der Operation Barkhane, dem von Frankreich geführten und im November 2022 beendeten Angriff auf islamistische Gruppen in der afrikanischen Sahelzone.

AIRBUS A400M

Herkunftsländer	Frankreich, Deutschland, Spanien, Vereinigtes Königreich
Hersteller	Airbus
Erstflug	11. Dezember 2009
Abmessungen	Länge 45,10 m Spannweite 42,40 m Höhe 14,70 m
Startgewicht max.	141.000 kg
Antrieb	4x 8.200 kW (11.000 PS) Europrop-TP400-D6-Turboprop-Triebwerk
Höchstgeschwindigkeit	781 km/h
Reichweite	4.500 km mit 30 Tonnen Nutzlast
Dienstgipfelhöhe	12.200 m (40.000 ft)
Besatzung	2 oder 3 Piloten, 1 Lademeister
Bewaffnung	–

Einsatz bei der Royal Air Force
Eine A400M der RAF im Landeanflug. Gut sichtbar sind die achtblättrigen Propeller, die relativ kurzen, gepfeilten Flügel und das für unvorbereitete Pisten geeignete Fahrwerk. Britische A400M stehen seit März 2015 im Dienst der Royal Air Force.

Im Vereinigten Königreich weist die Royal Air Force ihren Atlas-Besatzungen je nach deren Fähigkeiten bestimmte Rollen zu. Alle Besatzungen sind zur Durchführung globaler, strategischer Lufttransportoperationen mit der A400M qualifiziert, besonders leistungsstarke Besatzungsmitglieder werden für taktische Operationen weitergebildet. Einige dieser taktisch geschulten Operateure können Spezialeinsätze durchführen und bilden somit einen Spezialkader von Elitebesatzungen innerhalb der beiden britischen A400M-Staffeln. Die Fähigkeiten der A400M auf unbefestigten Pisten wurden auf aufsehenerregende Weise bei einer viel beachteten Übung am Strand von Pembrey Sands in Südwales demonstriert. Im August 2021 waren britische A400M gemeinsam mit ihren deutschen, französischen, spanischen, türkischen und belgischen Gegenstücken bei der Evakuierung von Kabul im Einsatz.

Airbus A400M
Deutschland besitzt die größte A400M-Flotte. Es hat 53 Flugzeuge bestellt, von denen zehn in einem internationalen Transportverbund betrieben werden sollen. Im Juli 2018 flog eine A400M der Luftwaffe zum ersten Mal unter Einsatzbedingungen und transportierte 75 Soldaten von Wunstorf (Niedersachsen) nach Mazar-i-Sharif in Afghanistan.

PILATUS U-28A

Die U-28A Draco des AFSOC ist seit ihrer Indienststellung im Jahr 2006 ein fester Bestandteil der US-Spezialoperationen und dank ihrer hohen Effizienz und Wirtschaftlichkeit sehr häufig im Einsatz. Sie wurde von der Schweizer Firma Pilatus unter großer Geheimhaltung als Geschäfts- und leichtes Frachtflugzeug PC-12 entwickelt und machte im Mai 1991 ihren Erstflug. Pilatus hatte eine Marktlücke entdeckt, denn die PC-12 war ein durchschlagender Erfolg und mehrere Jahre lang das meistverkaufte einmotorige Turboprop-Flugzeug der Welt mit Druckkabine. Im Jahr 2005 beschaffte die USAF 36 Exemplare der PC-12 auf dem zivilen Markt für die Nicht-Standard-Flotte des AFSOC, zu der auch die C-145A und die C-146A gehören. Die PC-12 kamen zunächst bei der Operation Enduring Freedom zum Einsatz. Sie erhielten die Bezeichnung U-28A und fast zeitgleich den Spitznamen Draco, der im Juni 2019 offiziell für die von den USA betriebenen PC-12 übernommen wurde. Anfänglich flogen die Flugzeuge in neutraler Lackierung mit zivilen Kennzeichen, um bei sensiblen Einsätzen nicht aufzufallen. Sie trugen allerdings besondere Antennen und Verkleidungen für ungewöhnliche elektronische Geräte, so dass die U-28A für einen erfahrenen Beobachter unschwer zu erkennen war. Heute ist die Farbgebung der Draco-Flotte in militärischen Grautönen gehalten, und nur eine kleine US-Flagge am Seitenleitwerk verrät die Nationalität. Die offensichtlichen Vorteile eines relativ kostengünstigen, leicht umzurüstenden, handelsüblichen Flugzeugs mit großer Kabine blieben dem Special Operations Command nicht verborgen. Das Flugzeug ist sehr gefragt, und die 28 aktiven Exemplare der U-28A-Flotte werden seit ihrem ersten Einsatz intensiv genutzt.

Die U-28A Draco dient der taktischen luftgestützten Nachrichtengewinnung, Überwachung, Aufklärung (AISR) und Zielerfassung zur Unterstützung von Spezialeinsatz-Bodentruppen im Einsatzgebiet. Zu den Modifikationen gehören ein modernes Kommunikationspaket, Überlebensausrüstung, EO-Sensoren und aktuelle Navigationssysteme. Die Sensoren der U-28A umfassen je eine TV- und Infrarot-Kamera mit variabler Blende und ein Radar mit synthetischer Apertur. Die Kommunikationssysteme des Flugzeugs ermöglichen die Übertragung von Full Motion Videos, Sprache und Daten über sichere Datenverbindungen.

Die Draco-Besatzung besteht aus zwei Piloten, einem Combat Systems Officer (CSO) und einem Tactical Systems Officer (TSO). U-28A waren weltweit für Spezialeinheiten, humanitäre Einsätze sowie Such- und Rettungsaktionen im Einsatz. Sie können auf unbefestigten Landebahnen landen, die für Flugzeuge wie die C-130 zu kurz sind, und bis zu zehn Passagiere oder 1.360 Kilogramm Fracht befördern.

Im Jahr 2015 wurde die Ablösung der U-28A durch die MC-12W Liberty in Erwägung gezogen. Die Streitkräfte entschieden sich aber wegen der höheren Betriebskosten des zweimotorigen Flugzeugs, die Draco weiter zu fliegen und durch Upgrades zu aktualisieren. Im Jahr 2020 wurde allerdings das Armed-Overwatch-Programm mit dem einzigen Ziel ins Leben gerufen, einen Nachfolger für die Draco im Special Operations Command zu finden. Aus dieser Initiative ging schließlich die AT-802U hervor.

Auch nach Einführung der Sky Warden soll die vielseitige U-28A Unterstützung bei gefahrloseren Operationen wie Such- und Rettungseinsätzen und humanitärer Hilfe leisten.

PILATUS U-28A DRACO

Herkunftsland	Schweiz
Hersteller	Pilatus
Erstflug	31. Mai 1991 (Pilatus PC-12)
Abmessungen	Länge 14,40 m Spannweite 16,23 m Höhe 4,26 m
Startgewicht max.	4.960 kg
Antrieb	1x 890 kW (1.200 PS) Pratt-&-Whitney-Canada-PT6A-67B Turboprop-Triebwerk
Höchstgeschwindigkeit	528 km/h
Reichweite	2.778 km
Dienstgipfelhöhe	9.144 m (30.000 ft)
Besatzung	2 Piloten, 1 Sensorbediener
Bewaffnung	–

Pilatus U-28A Draco

Eine U-28A der 34th Special Operations Squadron im Oktober 2018 beim Start von Hurlburt Field. Die US-Flotte von 35 Flugzeugen ist seit ihrer Indienststellung im Jahr 2006 sehr stark ausgelastet.

C-146A Wolfhound

Die C-146A ist die militärische, für den Transport von Fracht und Personal modifizierte Version des Turboprop-Verkehrsflugzeugs Dornier 328. Das Flugzeug wird in vier geografischen Kampfkommandos eingesetzt.

DORNIER C-146A WOLFHOUND

Ein anderer europäischer Turboprop-Transporter des US Special Operations Command ist die C-146A Wolfhound, die US-Bezeichnung des Regionalflugzeugs Dornier 328. Die 328 ging Ende 1993 in den Liniendienst und traf auf ein überfülltes Marktsegment. Sie war zwar leiser und schneller als ihre Konkurrenten, doch die Verkaufszahlen blieben relativ niedrig. Das Flugzeug erregte gleichwohl die Aufmerksamkeit des SOCOM der USA. Zwischen 2010 und 2013 wurden 20 Exemplare für Spezialeinsätze beschafft. Der einzige andere Militärkunde (mit nur einem Exemplar) war Botswana.

Die US-Flugzeuge wurden von der Sierra Nevada Corp. modifiziert. Sie verfügen über eine erweiterte Kombinationsausrüstung, verbesserte Navigationssysteme und verschiedene Maßnahmen zur Steigerung der STOL-Fähigkeit. Die Flugzeuge können damit auch unter schwierigen Bedingungen operieren. Wie bei anderen Exemplaren der Sondermaschinen sind auch bei der Wolfhound keine genauen Einzelheiten über die Ausrüstung bekannt.

Die C-146A wird vom Air Force Special Operations Command betrieben und löst dort die Q-200-Variante der Bombardier Dash 8 ab. Ihre Hauptaufgabe ist die einfache und kurzfristige Verlegung von kleinen Teams und Fracht. Dazu gehören ebenfalls die verdeckte Ein- und Ausschleusung sowie die Belieferung von Sondereinsatzkräften. Das Flugzeug kann auch von notdürftig vorbereiteten Plätzen aus operieren. Bei der Erprobung schneller Einsätze von Expeditionskräften starteten und landeten C-146A auf einem öffentlichen US-Highway. Die Kabine lässt sich für eine Vielzahl von Passagier- und Frachtkonfigurationen umrüsten und hat ein maximales Fassungsvermögen von 27 Passagieren oder 2.700 Kilogramm Fracht. In der Evakuierungsrolle kann die Wolfhound vier Tragen und medizinisches Personal transportieren.

Die C-146A flog im Jahr 2011 erstmals bei den US-Streitkräften und ist seitdem ständig im Einsatz. Sie trägt wie andere verdeckt operierende SOCOM-Flugzeuge keine Nationalitätskennzeichen und eine anonyme, zivil wirkende Lackierung. Der einzige Hinweis auf ihre Identität ist das Fehlen einer zivilen Registrierung und eine kleine Seriennummer auf der Heckflosse.

Landung auf der Autobahn

Eine C-146A Wolfhound aus Hurlburt Field (Florida) im August 2021 während der Übung Northern Strike 21-2 vor ihrer Landung auf einem Highway in Alpena (Michigan). Diese jährlich stattfindende, multinationale Militärübung dient der Erprobung der schnellen Geschwader-Verlegung in eine Umgebung ohne Flugplatzeinrichtungen.

DORNIER C-146A WOLFHOUND

Herkunftsland	Deutschland
Hersteller	Dornier
Erstflug	6. Dezember 1991
Abmessungen	Länge 21,23 m Spannweite 20,98 m Höhe 7,05 m
Startgewicht max.	13.990 kg
Antrieb	2x 1.625 kW (2.179 PS) Pratt-&-Whitney-Canada-PW119B Turboprop-Triebwerk
Höchstgeschwindigkeit	620 km/h
Reichweite	1.852 km
Dienstgipfelhöhe	9.492 m (31.142 ft)
Besatzung	2, bis zu 33 Passagiere und 1 Flugbegleiter
Bewaffnung	–

C-146A Wolfhound

Die C-146A der USAF Special Operations Wing, hier im Jahr 2021 auf dem Vorfeld von Duke Field (Florida), dienen offiziell zur Ausbildung und für atypische Einsätze der 919th Special Operations Wing.

CASA/IPTN CN-235 UND AIRBUS C-295

CASA und das indonesische Unternehmen IPTN entwickelten Anfang der 1980er-Jahre gemeinsam die CN-235 als größeres und moderneres Transportflugzeug zur Ergänzung der erfolgreichen C-212. Sie machte im November 1983 ihren Erstflug und war vor allem für militärische Zwecke gedacht. Die CN-235 wurde auch für den zivilen Markt angeboten, fand dort jedoch nur wenige Abnehmer.

Die CN-235 ist STOL-fähig und verfügt wie ihre Vorgängerin C-212 über eine Heckrampe zum schnellen Be- und Entladen. Sie hat ein Einziehfahrwerk und einen etwa doppelt so starken Antrieb wie das Aviocar. Das Flugzeug ist auch wesentlich größer als die C-212, und der Rumpf ist breiter als bei anderen Flugzeugen ihrer Klasse. Das ermöglicht eine Vierer-Bestuhlung in der Passagierkabine. Die CN-235 kann sperrige Gegenstände wie Ersatztriebwerke transportieren, die für ein Flugzeug dieser Kategorie normalerweise zu voluminös sind.

Erstkunden des Typs waren Frankreich, Spanien und Indonesien. Sie alle betreiben bis heute relativ viele CN-235. Die Türkei besitzt mit über 50 Exemplaren die größte Flotte. Das Flugzeug verkauft sich ebenso wie die C-212 gut bei militärischen Nutzern in aller Welt. Das liegt teils daran, dass 65 Prozent des Korpus in Indonesien hergestellt werden, was zu sehr wettbewerbsfähigen Stückkosten führt. Die Produktion ist konstant geblieben, seit die ersten serienmäßigen Flugzeuge 1986 vom Band liefen. Zu den kleineren Luftwaffen, die die CN-235 einsetzen, gehören die von Botswana, Nepal und Irland. Die irischen Luftstreitkräfte nutzen ihre beiden Flugzeuge für eine Vielzahl von Aufgaben, darunter Fischereipatrouille, den Transport humanitärer Hilfsgüter sowie das Training und den Einsatz der Army Ranger Wing, der Spezialeinheit der irischen Armee.

Nach dem Einsatz der C-212 bei den US-Spezialkräften gelangte die CN-235 zum fliegenden Bereich des SOCOM. 13 Flugzeuge werden von der USAF betrieben. Man geht davon aus, dass die geheime 427th Special Operations Squadron sie für verschiedene verdeckte Einsätze nutzt, darunter die Einschleusung von Spezialkräften auf kleinen Flugplätzen bei Geheimoperationen zur Aufstandsbekämpfung. Mehrere US-amerikanische CN-235 werden von vorgeblich zivilen Unternehmen wie OneLeasing betrieben, die Flugzeuge und Besatzungen sowohl zivilen als auch militärischen Firmen für verdeckte Operationen zur Verfügung stellen. Details solcher Einsätze bleiben stets geheim.

Die CN-235 wurde zur AC-235 weiterentwickelt, einer leichten Gunship-Variante mit integrierten Waffenstationen für AGM-114 Hellfire-Raketen und 70-mm-Raketen. Dieses Flugzeug verfügt außerdem über eine seitlich montierte 30-mm-Kanone und ein Radar mit synthetischer Apertur. Zwei Exemplare dienten bei der Brigade für Spezialoperationen der Royal Jordanian Air Force, wurden aber inzwischen ausgemustert.

Die jüngste Weiterentwicklung der CN-235 ist der im Jahr 2001 in Dienst gestellte Airbus C-295 (CASA gehört seit dem Jahr 2000 zur Airbus-Gruppe). Diese gestreckte Version der CN-235 kann bis zu 48 voll ausgerüstete Fallschirmjäger befördern. Sie verfügt über leistungsstärkere Triebwerke und bietet höhere Geschwindigkeit, Reichweite und Nutzlast.

Analog zur CN-235 entwickelte Airbus eine leichte C-295-Gunship-Version, die noch nicht im Einsatz ist. Das türkische Unternehmen Roketsan modifizierte die C-295W gemeinsam mit Airbus mit eigenen Waffen für bewaffnete Sondereinsätze. Sie verfügt unter anderem über die lasergesteuerte 70-mm-Rakete Cirit, UMTAS-Panzerabwehrraketen und das Teber-Präzisionsleitsystem für Standard-Allzweckbomben. Berichten zufolge flogen drei militärisch lackierte C-295 zum Rüstungsunternehmen L3Harris in den USA, vermutlich zur Umrüstung für Spezialeinsätze. Dazu wurden allerdings keine Einzelheiten bekannt.

CASA CN-235

Herkunftsland	Spanien/Indonesien
Hersteller	CASA/IPTN
Erstflug	11. November 1983
Abmessungen	Länge 21,40 m Spannweite 25,81 m Höhe 8,18 m
Startgewicht max.	16.100 kg
Antrieb	2x 1.305 kW (1.750 PS) General-Electric-CT7-9C3-Turboprop-Triebwerk
Höchstgeschwindigkeit	450 km/h
Reichweite	4.355 km
Dienstgipfelhöhe	7.620 m (25.000 ft)
Besatzung	2, plus 51 Passagiere, 35 Fallschirmjäger oder 18 Krankentragen
Bewaffnung	–

Trainingssprung
US-Fallschirmjäger springen von der Heckrampe einer CASA CN-235 über der Sicily-Absetzzone in Fort Bragg (North Carolina) ab. Die relativ geringe Größe der CN-235 ist vorteilhaft für Spezialeinsätze.

CASA CN-235

Diese französische CN-235 gehört zu einem gemeinsamen Verband der USA, Frankreichs und Dschibutis gegen Bedrohungen in Ostafrika. Sie bereitet sich im Januar 2022 auf den Start in Grand Bara (Dschibuti) vor. Die französische CN-235-Flotte umfasst 27 Flugzeuge.

CASA CN-212
Soldaten des US Army John F. Kennedy Special Warfare Center and School und der 3rd Special Forces Group (Airborne) springen im Jahr 2019 aus einem CASA Aviocar über dem Flugplatz Laurinburg-Maxton ab.

CASA C-212

Truppen steigen vor einem Trainingssprung in den USA über die hintere Rampe in den kastenförmigen Rumpf einer C-212. Sie kann trotz ihrer geringen Größe 25 voll ausgerüstete Fallschirmjäger befördern.

CASA C-212

Die spanische CASA entwickelte die C-212 in den späten 1960er-Jahren. Die spanische Luftwaffe musste seinerzeit dringend ihre veralteten Transporter ersetzen, zu denen noch die Vorkriegsmodelle C-47 und die noch ältere Ju 52/3m zählten. CASA entwickelte ein zweckmäßiges, zweimotoriges Turboprop-Flugzeug mit 18 Sitzplätzen, das eine – für seine Größe damals ungewöhnliche – Heckladerampe besaß. Dies vereinfachte Fallschirmsprünge und machte das Flugzeug für Sportspringer und Spezialeinheiten sehr attraktiv.

Die C-212 ist für längere Einsätze unter schwierigen Bedingungen mit minimaler Bodenunterstützung konzipiert, STOL-fähig und besitzt weder ein Einziehfahrwerk noch eine Druckkabine. Die einfache Bauweise, eine hohe Praxistauglichkeit und die Eignung für unvorbereitete Pisten haben die C-212 bei zivilen und militärischen Betreibern in rund 40 Ländern äußerst erfolgreich gemacht. Das Aviocar, wie die C-212 genannt wurde, wird seit über 50 Jahren ununterbrochen gebaut. Die letzte Lieferung des spanischen Werks ging 2010 an die vietnamesische Küstenwache, die Produktion wird unter Lizenz in Indonesien fortgesetzt.

In den USA galt das Aviocar als exzellentes Flugzeug zur Ausbildung von Soldaten für Spezialeinsätze, da es relativ billig ist und in vielen Staaten genutzt wird, in die US-Truppen entsandt werden könnten. Von Spezialeinheiten wird erwartet, dass sie aus allen Flugzeugtypen abspringen, die im Einsatzgebiet zur Verfügung stehen. Die CASA ist daher für die Ausbildung des SOCOM eine nützliche Alternative zur C-130. Das Flugzeug hat bei der US Army die Bezeichnung C-41. Es dient nicht nur zur Ausbildung von Fallschirmjägern, sondern auch für die Ein- und Ausschleusung von Truppen, den Abwurf von Versorgungsgütern, Luftlandeoperationen, das Training von Spezialeinsatz-Ausbildern und verschiedene Erprobungen. Man vermutet, dass die C-41 der geheimnisvollen 427th Special Operations Squadron angehören.

Berichten zufolge setzten C-41 bereits Talon-Gleitbomben ein. Dabei handelt es sich um eine aus der Hecktür abzufeuernde, gelenkte Waffe zur Aufstandsbekämpfung mit 12-kg-Sprengkopf und Kaltgastriebwerk. Das mittlerweile aufgelöste Sicherheitsunternehmen Blackwater setzte in Südwestasien angeblich C-41 mit dieser Bombe im Auftrag des SOCOM ein. Wie bei Spezialoperationen üblich, bleiben Details so gut wie möglich verborgen.

Die C-41 sollte durch die deutlich komplexere C-27J ersetzt werden. Sie hat die zuverlässige CASA jedoch eher ergänzt

PSYOPS-Kommando
Soldaten des United States Army Civil Affairs and Psychological Operations Command (Airborne) springen im September 2020 aus einer CASA C-212.

Australische Spezialeinsätze
Das schlichte Cockpit einer CASA C-212 der Skytraders Pty Ltd. Die Gesellschaft betreibt zwei mit Skiern ausgerüstete C-212 für das Fallschirm-Trainingszentrum des Australian Special Operations Command.

als ersetzt. Die Vergabe eines 10-Millionen-Dollar-Auftrags zur Modernisierung der C-41-Flotte mit neuen Avioniksystemen im Jahr 2020 lässt vermuten, dass das äußerst zweckmäßige Flugzeug noch mehrere Jahre lang bei US-Spezialeinsätzen genutzt werden wird.

CASA C-212 AVIOCAR

Herkunftsland	Spanien
Hersteller	CASA
Erstflug	26. März 1971
Abmessungen	Länge 16,15 m Spannweite 20,28 m Höhe 6,60 m
Startgewicht max.	8.000 kg
Antrieb	2x 671 kW (900 PS) Garrett-AiResearch-TPE331-10R-513C-Turboprop-Triebwerk
Höchstgeschwindigkeit	370 km/h
Reichweite	835 km
Dienstgipfelhöhe	7.925 m (26.000 ft)
Besatzung	2, bis zu 26 Passagiere oder 25 Fallschirmjäger
Bewaffnung	–

Oben: Frachtabwurf

Im Juni 2010 wirft diese USAF C-17 Fracht über der Forward Operating Base Baylough in Afghanistan ab. Sie demonstriert ihr enormes Fassungsvermögen und die eindrucksvollen Lastenabwurf-Fähigkeiten.

Unten: Boeing CC-177 Globemaster III

Die C-17 trägt bei den kanadischen Streitkräften die Bezeichnung CC-177 Globemaster III. Die RCAF musste zivile Flugzeuge leasen, um ihren strategischen Transportbedarf bis zur Auslieferung ihrer fünf Globemaster zu decken.

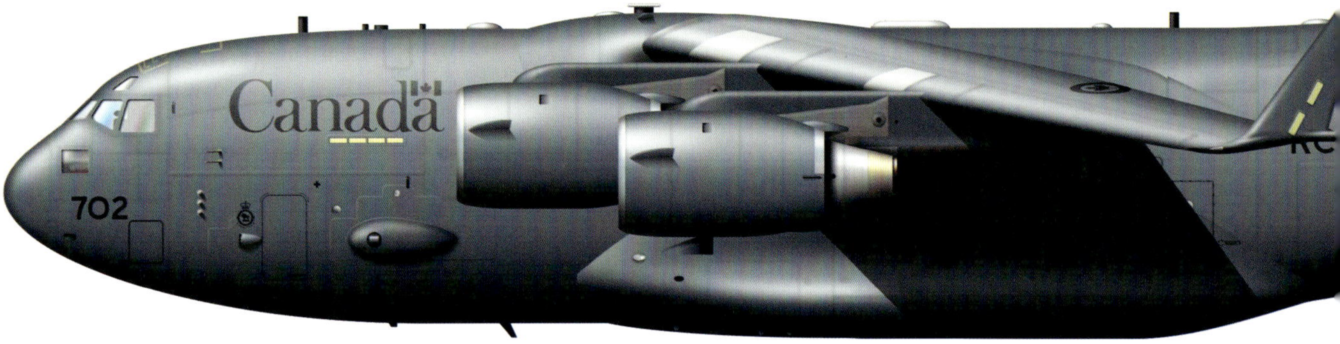

BOEING C-17 GLOBEMASTER III

Das strategische Transportflugzeug C-17 ist seit 1995 das Arbeitspferd der modernen US-Luftstreitkräfte und wurde als Ersatz für die C-141 Starlifter entwickelt. Sein größerer Rumpfdurchmesser ermöglicht den Transport sperriger Lasten. Die C-17 benötigt für ein Flugzeug dieser Größe nur sehr kurze, unbefestigte Start- und Landebahnen.

Die meisten C-17 dienen konventionellen Militärtransporten. Die Globemaster gehört auch zum Bestand der Special Operations Division der 437th Airlift Wing. Diese Eliteeinheit des USAF Air Mobility Command ist für Einsätze im Standard Special Operations Low Level (SOLL) II qualifiziert. Die C-17 dient zur Ein- und Ausschleusung und Nachschubversorgung von Spezialkräften, auch auf behelfsmäßigen Pisten. Piloten können die Einsätze mit abgedunkeltem Flugzeug und Nachtsichtgeräten durchführen. Die C-17 soll SOF-Truppen auch per HALO/HAHO (Absprünge aus großer Höhe mit Öffnen des Fallschirms in niedriger/großer Höhe) oder per Absprung mit Reißleine absetzen und Boote und Personal der Spezialkräfte über Wasser ausbringen.

Die Flugzeuge wurden für noch effektivere SOLL-Einsätze umgerüstet. Details sind nicht bekannt, doch es handelt sich vermutlich vor allem um neue Kommunikations- und Beleuchtungssysteme. Zu den bekannten SOLL-II-Einsätzen der C-17 zählen Einschleusungs- und Versorgungsflüge der 15th Marine Expeditionary Unit (MEU) im Jahr 2001 in Afghanistan, nachdem die Einheit dort eine Wüstenlandebahn (LZ Rhino) eingenommen hatte. C-17 setzten innerhalb von acht Tagen 481 US-amerikanische, australische und britische Bodentruppen und 1.300 Tonnen Fracht ab.

Zwei Jahre später lieferten SOLL-II-Globemaster bei der Operation Iraqi Freedom Spezialeinheiten und technische Ausrüstung, um ein großes Flugfeld in der westirakischen Wüste einzunehmen und zur Nutzung vorzubereiten. Mindestens eine SOLL-II-C-17 diente dort anschließend als mobile Tankstelle (Forward Area Refuelling Point – FARP). C-17-FARP mit internen Zusatztanks betankten weitere Spezialeinheiten-Flugzeuge, die vom eroberten Flugplatz aus operierten. SOLL-II-Globemaster flogen später mehrere M1A1-Abrams-Panzer zur Unterstützung der Delta Force in das Gebiet ein.

Die SOLL-II-C-17 sind auf dem Luftwaffenstützpunkt Charleston in South Carolina stationiert. Dort stehen Crews in ständiger Bereitschaft, in Erwartung eines Abrufs durch den Chef des Generalstabs.

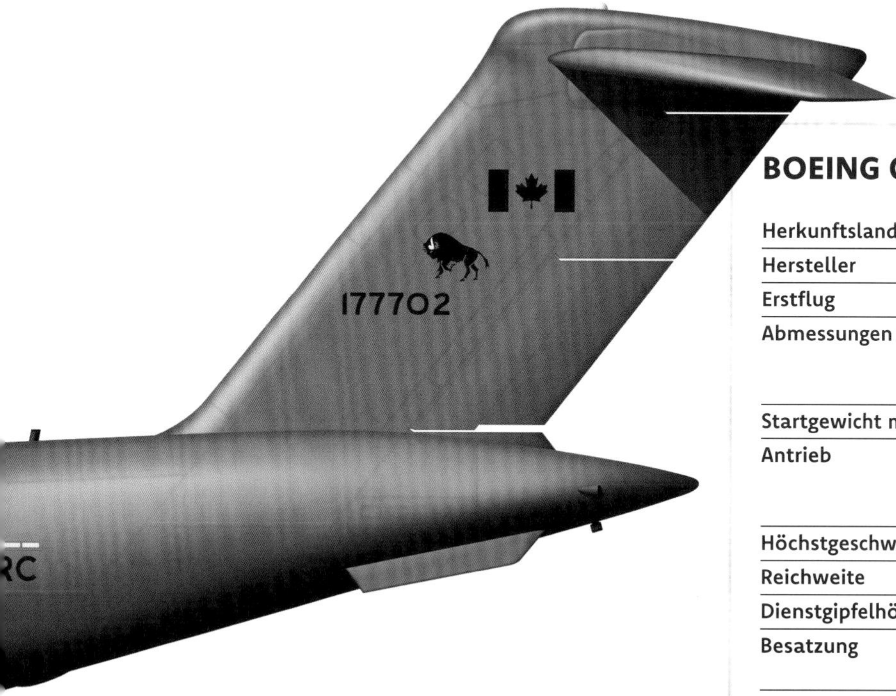

BOEING C-17

Herkunftsland	USA
Hersteller	Boeing
Erstflug	15. September 1991
Abmessungen	Länge 53,00 m Spannweite 51,76 m Höhe 16,79 m
Startgewicht max.	265.352 kg
Antrieb	4x 185,55 kN Pratt-&-Whitney-F117-PW-100-Turbofan-Triebwerk
Höchstgeschwindigkeit	830 km/h
Reichweite	4.480 km mit 71.214 kg Nutzlast
Dienstgipfelhöhe	14.000 m (45.000 ft)
Besatzung	2 Piloten, 1 Lademeister, bis zu 102 Fallschirmjäger
Bewaffnung	–

Boeing C-17 Globemaster III
Ihre vier PW-100-Turbofan-Triebwerke erzeugen einen Sandsturm beim Start: Diese C-17 Globemaster fliegt einen Einsatz für Operation Enduring Freedom über Afghanistan. Die C-17 ist weltweit ein Symbol großer US-Operationen.

AMC
McCHORD
80055

Leonardo C-27J Spartan

Die Royal Australian Air Force betreibt eine Flotte von zehn C-27. Das Muster wurde als Ersatz für die DHC-4 Caribous der RAAF beschafft und dem Konkurrenzmodell CN-235 vorgezogen, da sein Frachtraum groß genug für das Allrad-Mehrzweckfahrzeug Mercedes G ist.

LEONARDO C-27J SPARTAN

Ein weiteres im Ausland gebautes Transportflugzeug der US-Streitkräfte ist die Leonardo C-27J Spartan. Diese ursprünglich italienische Produktion schließt die taktische Transportlücke zwischen Flugzeugen wie der C-130 Hercules und Transporthubschraubern. Sie geht interessanterweise auf eine NATO-Ausschreibung von 1962 für ein V/STOL-Transportflugzeug zur Unterstützung weiträumig verteilter V/STOL-Kampfjets zurück.

Fiat hatte die G.222 entworfen, einen zweimotorigen Transporter mit Lift-Jet-Hubdüsen für den Senkrechtstart. Das Projekt wurde nicht verwirklicht. Die italienische Luftwaffe war auf der Suche nach einem Nachfolger für ihre alternden C-119 und zeigte Interesse an einer modifizierten G.222. So wurde das Flugzeug ohne Senkrechtstartfähigkeit zu einem konventionellen, zweimotorigen Turboprop-Transporter, behielt aber die STOL-Eigenschaften seines Vorläufers bei.

Nach einer langwierigen Entwicklungs- und Erprobungsphase stellte Italien die G.222 im Jahr 1978 offiziell in Dienst. Die Aeronautica Militare beschaffte 52 dieser STOL-Flugzeuge, die auf unvorbereiteten Pisten landen konnten und sich ausgezeichnet für Spezialeinsätze eigneten. Mehrere internationale Bestellungen folgten. Die bedeutendste kam von der USAF und umfasste zehn sogenannte C-27A Spartan. Sie wurden 1990 als taktische Kurzstreckentransportflugzeuge exklusiv für Spezialeinheiten der US Army eingeführt. Im Jahr 1999 musterte die USAF ihre C-27A allerdings wieder aus. Vier Flugzeuge gingen zur Drogenbekämpfung in Mittel- und Lateinamerika an die US State Department Air Wing. Diese Aufgabe versahen sie bis 2013.

Die erste G.222-Version wurde inzwischen fast überall ausgemustert, dient aber noch bei den Luftstreitkräften von Nigeria und Tunesien. Lockheed-Martin und Alenia entwickelten in den späten 1990er-Jahren einen modernisierten Nachfolger der G.222. Zu den Hauptunterschieden zählen das Glascockpit und das von der C-130J Hercules übernommene Rolls-Royce-AE2100-Triebwerk, dessen Einsatz

LEONARDO C-27J SPARTAN

Herkunftsland	Italien
Hersteller	Alenia Aermacchi/Leonardo
Erstflug	24. September 1999
Abmessungen	Länge 22,70 m Spannweite 28,70 m Höhe 9,64 m
Startgewicht max.	32.500 kg
Antrieb	2x 3.458 kW (4.637 PS) Rolls-Royce-AE2100-D2A-Turboprop-Triebwerk
Höchstgeschwindigkeit	602 km/h
Reichweite	1.759 km
Dienstgipfelhöhe	9.144 m (30.000 ft)
Besatzung	2 plus bei Bedarf 1 Lademeister, bis zu 60 Passagiere oder 46 Fallschirmjäger
Bewaffnung	–

den Nutzern beider Typen Vorteile bringt. Das Triebwerk erhöhte die Fluggeschwindigkeit um 15 Prozent und erbrachte 35 Prozent mehr Reichweite. Das Flugzeug hat die hervorragenden STOL-Eigenschaften der ersten G.222 und ist für seine Größe und Einsatzrolle bemerkenswert wendig.

Die neue Spartan mit der Bezeichnung C-27J machte im September 1999 ihren Erstflug. Sie wurde Anfang 2007 bei den italienischen Luftstreitkräften in Dienst gestellt, die erste US-Maschine folgte im September 2008. Die C-27J sollte die Short C-23 Sherpa bei der US-Armee ersetzen, doch durch organisatorische Änderungen gingen 2009 alle neuen Flugzeuge an die US-Luftwaffe. Der erste Kampfeinsatz der C-27J fand 2011 in Afghanistan statt. Obwohl die letzten bestellten Flugzeuge noch nicht ausgeliefert waren, beschloss die US-Luftwaffe, das Flugzeug aus Kostengründen bis 2013 auszumustern. Sieben Spartans der USAF gingen an das Special Operations Command der US Army und werden dort von der USASOC Flight Company betrieben. Sie dienen vor allem zur Ausbildung von Fallschirmjägern der Spezialeinheiten, können aber auch andere Einsätze übernehmen.

16 Nationen fliegen derzeit die – jetzt bei Leonardo S.p.A. gebaute – C-27J. Größter Betreiber nach den USA und Italien ist Australien mit einer Flotte von zehn Flugzeugen, die zwischen 2014 und 2018 ausgeliefert wurden und bei der RAAF Amberley in Queensland stationiert sind. Sie dienen einer Vielzahl von Aufgaben, zum Beispiel der Ausbildung von Fallschirmjägern, taktischen Transporten, humanitärer Hilfe und Spezialeinsätzen. In Italien erfüllt die C-27J ähnliche Aufgaben. Die 2020 in Dienst gestellte MC-27J Praetorian, eine Weiterentwicklung der Spartan, verfügt über besondere Ausrüstung für Spezialeinsätze. Zahlreiche Systeme dienen zur Erfüllung von Führungsaufgaben (Command and Control), zur Kommunikation und Nachrichtengewinnung, Überwachung, Aufklärung, Signalaufklärung (SIGINT) und Kampfunterstützung.

Die Praetorian verfügt zur Bekämpfung gegnerischer Bodentruppen über zwei Waffenstationen für präzisionsgelenkte Munition an den Tragflächen. Sie kann ein auf einer Palette gepacktes Roll-on-/Roll-off(Ro/Ro)-Waffensystem (PaWS) aufnehmen. Es besteht aus einer ATK-GAU-23-30-mm(1,18 Zoll)-Kettenkanone, welche sich schnell über die Heckrampe be- und entladen lässt und durch die linke Hecktür feuert.

Neben der MC-27J existiert in Italien eine Variante zur elektronischen Kriegführung: die EC-27J Jedi (Jamming and Electronic Defence Instrumentation). Sie unterbricht den gegnerischen Funkverkehr inklusive der Störung von Funksignalen zur Fernzündung improvisierter Sprengsätze (IEDs).

C-27J Spartan

Eine Alenia C-27J Spartan der slowakischen Luftwaffe setzt zur Landung an. Die Streitkräfte betreiben zwei dieser Flugzeuge.

00

HUBSCHRAUBER

Hubschrauber haben die Spezialeinsätze revolutioniert. Sie können senkrecht landen und müssen nicht einmal den Boden berühren, um Truppen abzusetzen. Die Spezialkräfte der meisten Nationen sind in der Regel in der Lage, sich von schwebenden Helikoptern per Rappelling (Einzel-Abseilen) oder Fast-Roping (gemeinsames Abseilen über eine Leine) abzusetzen. Baubedingte Nachteile von Hubschraubern sind unter anderem ihre relativ geringe Geschwindigkeit und Reichweite. Sie dürften bei der revolutionären CV-22 Osprey der Vergangenheit angehören, freilich mit großer Komplexität und zu enormen Kosten. Hubschrauber sind meist auch sehr laut. Der akustische Fußabdruck der Black-Hawk-Hubschrauber bei der Operation Neptune Spear (gegen das Lager Osama bin Ladens) konnte anscheinend durch Tarnkappentechnik verringert werden, sodass der Lärm auch künftig weniger Probleme bereiten dürfte. Die meisten Hubschrauber entstehen noch in konventioneller Bauweise, auch wenn sie unkonventionellen Zwecken dienen.

Bell-Boeing CV-22 Osprey
Die Osprey verbindet die Flugleistungen eines Turboprop-Transporters mit den Senkrechtstart- und -landefähigkeiten eines Hubschraubers. Diese Kombination ist wie geschaffen für Spezialkräfte. Ob das die kolossalen Kosten und die unglaubliche Komplexität des Flugzeugs rechtfertigen, sei dahingestellt.

Sikorsky SH-3 Sea King

Der Sea King ist seit vielen Jahren ein treuer Begleiter über See, doch seine Zeit nähert sich dem Ende. Dieser SH-3 der Royal Australian Navy landet während der alle zwei Jahre stattfindenden RIMPAC (Rim of the Pacific Exercise), der weltweit größten internationalen Übung zur Seekriegsführung, auf der HMAS Tobruk.

SIKORSKY SH-3D SEA KING

Herkunftsland	USA
Hersteller	Sikorsky
Erstflug	11. März 1959
Abmessungen	Länge 16,39 m Rotordurchmesser 18,90 m Höhe 5,13 m
Startgewicht max.	9.752 kg
Antrieb	2x 1.044 kW (1.400 PS) General-Electric-T58-GE-10- Wellenturbine
Höchstgeschwindigkeit	267 km/h
Reichweite	1.005 km
Dienstgipfelhöhe	4.480 m (14.700 ft)
Besatzung	2, bis zu 26 Soldaten oder 15 Krankentragen
Bewaffnung	bis zu 340 kg Waffen und Munition

SIKORSKY SH-3 SEA KING

Der nun vor der Ausmusterung stehende Hubschrauber-Klassiker S-61 war anfangs als amphibische Plattform für die U-Boot-Bekämpfung konzipiert. 1961 wurde er mit der Bezeichnung SH-3 in Dienst gestellt und kam dank seiner Flexibilität und Zweckmäßigkeit bei zahlreichen militärischen und zivilen Zwecken zum Einsatz. Großbritannien (Westland), Italien (Agusta), Japan (Mitsubishi) und Kanada (United Aircraft of Canada) stellten ihn in Lizenz her. Den berühmtesten Auftritt eines Sea King hatte im Jahr 1969 der SH-3D Old 66 des Flugzeugträgers USS Hornet, als er die Kommandokapsel der Apollo XI nach der Wasserung bergen durfte.

1982 unterstützten Westland Sea Kings der Royal Navy die Verlegung und den Nachschub von Spezialeinheiten der Royal Marines und des SAS im Falklandkonflikt. Bei einem der aufsehenerregendsten Angriffe landeten 42 SAS-Soldaten auf dem Flugplatz von Pebble Island. Sie sollten dort Pucara-Kampfflugzeuge zerstören, da ein Luftangriff durch die Nähe zu Wohngebieten nicht möglich war. Sechs Pucaras konnten vernichtet werden, was argentinische Bodenangriffe von den Inseln aus unmöglich machte. Die argentinische Marine setzte interessanterweise bei der Operation Rosario, der ersten Invasion der Falklandinseln, zur Unterstützung ihrer Truppen selbst Sea Kings ein und nutzt dieses Muster bis heute. Großbritannien hat seine Sea Kings mittlerweile ausgemustert. Drei der letzten Exemplare gingen im Jahr 2022 zur Abwehr der russischen Invasion an die Ukraine.

Heute dient der Sea King noch als Transport- und Angriffshubschrauber beim deutschen Kommando Spezialkräfte Marine (KSM). Die Hubschrauber gehören zum Marinefliegergeschwader 5 in Nordholz an der Nordseeküste und sollen 2024 durch den NH90 Sea Lion ersetzt werden.

BOEING CH-47 CHINOOK

Der Chinook ist einer der bekanntesten Hubschrauber der Welt, wird seit über 60 Jahren produziert und ist weltweit im Einsatz. Entwickelt wurde er Ende der 1950er-Jahre als turbinengetriebener Ersatz für den schweren Kolbentriebwerk-Transporthubschrauber CH-37 Mojave. 1961 machte er seinen Erstflug und wurde 1962 als CH-47A in Dienst gestellt. Seither entstanden über 1.200 Helikopter, und die Produktion wird für Betreiber in der ganzen Welt fortgesetzt. Obwohl der Chinook zu den weltgrößten, regelmäßig eingesetzten Hubschraubern gehört, ist er mit einer Höchstgeschwindigkeit von 315 km/h erstaunlicherweise einer der schnellsten.

Einsätze in Vietnam und aller Welt

Im Vietnamkrieg war der Chinook durch seine Fähigkeit, schwere Lasten zu transportieren, bald unverzichtbar. Auch eine Gunship-Version kam mit einigem Erfolg zum Einsatz. Die Nachfrage nach CH-47 für den Fracht- und Truppentransport war aber so groß, dass man beschloss, die Gunship-Entwicklung nicht weiter zu verfolgen. Besonders der beeindruckende Lastentransport unter dem Rumpf machte den CH-47 für Artillerie und schwere Logistik so wertvoll, dass er nur selten als Sturmtruppentransporter zum Einsatz kam. CH-47 bargen regelmäßig abgeschossene Flugzeuge und galten als rentabelste Hubschrauber des Vietnamkriegs.

Ausgedehnter Export und der hohe Nutzwert des Chinook führten zu Spezialeinsätzen in verschiedenen Ländern der Erde. CH-47 dienten auf beiden Seiten im Falkland-Krieg, Chinook HC1 der RAF flogen dabei Einsätze für SAS- Teams. Im iranisch-irakischen Krieg landeten iranische Chinooks

Boeing CH-47 Chinook

Die unverwechselbare Silhouette des Chinook ist seit einem halben Jahrhundert in der Luft, nichts spricht für einen baldigen Abschied. Der Hubschrauber mit den zwei Rotoren hat sich als äußerst erfolgreich erwiesen.

bei der entscheidenden Operation Fath ol-Mobin hinter den irakischen Linien. Sie überrumpelten die irakischen Streitkräfte, schalteten wichtige Artilleriestellungen aus und eroberten ein irakisches Hauptquartier.

In den 1980er-Jahren schleusten CH-47 bei Angriffsmissionen libysche Spezialeinheiten in den Norden des Tschad ein. In letzter Zeit waren CH-47 aus verschiedenen Ländern im Irak im Einsatz. Ein Chinook der RAF setzte dabei einen SAS-Spähtrupp der geheimnisumwitterten Mission Bravo Two Zero ab. Britische Chinooks kamen bei der Operation Jacana in Afghanistan zum Einsatz, als das 45 Commando Royal Marines mit Angehörigen des australischen SAS, der norwegischen FSK, US-Spezialeinheiten und afghanischen Soldaten eine Region im Südosten Afghanistans durchkämmte. Sie sollten die in den afghanischen Provinzen Khost und Paktia verbliebenen Al-Qaida- und Taliban-Rebellen töten oder gefangen nehmen. Auch australische und italienische CH-47 waren dort für Spezialoperationen im Einsatz.

CH-47 werden über feindlichem Territorium meist von AH-64 Apache eskortiert, was sie aber nicht vollständig vor Bedrohungen schützt. Am 6. August 2011 wurde ein US-amerikanischer Chinook bei dem Versuch, einer Gruppe von US Army Rangers zu Hilfe zu eilen, von einem Taliban-Kämpfer mit einer Panzerfaust abgeschossen, alle 38 Insassen kamen ums Leben. Dies zeigt, wie gefährlich Spezialeinsätze sein können. Unter den Opfern dieses verlustreichsten Absturzes der Operation Enduring Freedom befanden sich 20 Angehörige

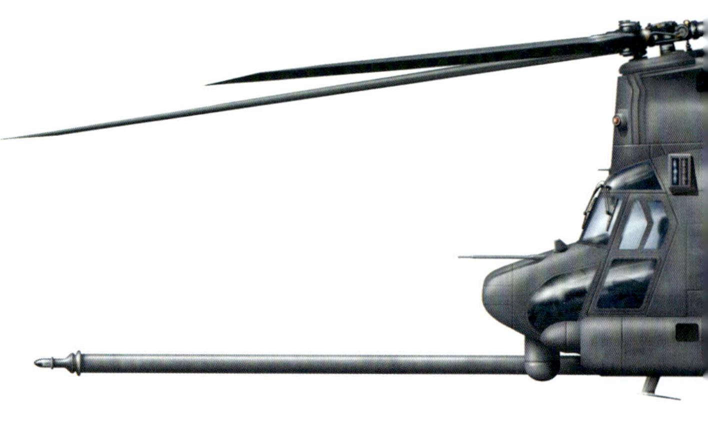

Helocasting
Royal Marines des 40 Commando üben Helocasting aus einem Chinook der Royal Air Force. Bei dieser Absetzmethode aus der Luft fliegt der Hubschrauber mit Minimalgeschwindigkeit knapp über der Wasseroberfläche. Die Soldaten springen direkt ins Wasser.

BOEING CH-47F

Herkunftsland	USA
Hersteller	Boeing
Erstflug	1961
Abmessungen	Länge 30,00 m Rotordurchmesser 18,00 m Höhe 5,77 m
Startgewicht max.	22.680 kg
Antrieb	2x 3.529 kW (4.733 PS) Lycoming-T55-GA-714A-Wellenturbine
Höchstgeschwindigkeit	315 km/h
Reichweite	740 km
Dienstgipfelhöhe	6.100 m (20.000 ft)
Besatzung	3, bis zu 55 Soldaten oder 24 Tragbahren und 3 Begleitpersonen
Bewaffnung	optional bis zu 3x schnellverschlussmontiertes mittleres Maschinengewehr (1x auf der Laderampe und 2x in den vorderen Rumpffenstern), üblicherweise 7,62-mm-M240/FN-MAG-Maschinengewehr, alternativ 7,62-mm-M134-Minigun-Maschinengewehr

Boeing CH-47 Chinook
Die große Betankungssonde des MH-47 für Spezialeinsätze unterscheidet den MH-47 klar von den Standard-Chinooks. Dieser ganz in Schwarz gehaltene MH-47E besitzt ein modernes Geländeverfolgungsradar und den für Nachteinsätze unerlässlichen Forward-Looking Infrared Sensor (FLIR).

Cockpit

Ein RAF-Chinook bei der Luftparade zum Platin-Thronjubiläum von Königin Elisabeth II. im Juni 2022. Im Cockpit sind die Multifunktions-Displays zu sehen.

der Naval Special Warfare und drei Angehörige von Spezialeinheiten der US Air Force.

Chinook-Varianten

Einsatzerfahrungen der frühen 1980er-Jahre zeigten den Bedarf einer speziellen Chinook-Variante für Spezialeinheiten. Als erste kam der MH-47D mit Luftbetankungsausrüstung, Schnellabseilsystem und weiteren Verbesserungen heraus. Nur zwölf MH-47D-Hubschrauber wurden produziert, sechs durch Umrüstung von CH-47A-Hubschraubern, die übrigen von CH-47C.

Auf den MH-47D folgte 1991 der weiterentwickelte MH-47E, von dem 26 Maschinen produziert wurden. Dabei handelte es sich sämtlich um umgerüstete CH-47C mit ähnlichen Fähigkeiten wie beim MH-47D, jedoch mit mehr Treibstoffkapazität und einem Terrain-Following-/Terrain-Avoidance-Radar.

Auch britische Spezialeinheiten, seit langem Nutzer von Standard-Schwerlasthubschraubern, bekundeten ihr Interesse an einer eigenen Chinook-Variante. Im Jahr 1995 bestellte die RAF acht Chinook HC3, deren Ausrüstung etwa der eines MH-47E für Spezialeinsätze entspricht. Sie wurden 2001 ausgeliefert, kamen aber aufgrund von (nur bei der britischen Variante auftretenden) Avionik-Problemen nie zum Einsatz.

Im Jahr 2008 begann die Anpassung der HC3 an den HC2-Standard, und die Chinooks gingen in den regulären

Einsatz. In jüngster Zeit erhielten sie den HC5-Standard und ein digitales, automatisches Flugsteuerungssystem.

MH-47G

Die neueste, für Spezialkräfte optimierte Variante MH-47G ist seit 2014 beim US Army Special Operations Aviation Command (USASOC) im Einsatz. Sie soll mindestens bis in die 2030er-Jahre einsatzfähig bleiben. Der Hubschrauber hat einen maschinengefrästen Rumpf mit integrierten Langstreckentanks und eine ausfahrbare Teleskopsonde für die Luftbetankung. Er verfügt über moderne Frachteinrichtungen und Ausrüstung für Spezialeinsätze, darunter ein Fast Rope Insertion-Extraction System (FRIES) zum schnellen Absetzen und Aufnehmen von Personen, ein Special Patrol Insertion and Extraction System (SPIES), eine Strickleiter, eine elektrische Rettungswinde und ein Personnel Location System (PLS). MH-47 sind bei der US Army im Einsatz, transportieren aber auch häufig US Navy SEALs. Sie können sogar auf dem Wasser landen, um SEAL-Teams abzusetzen oder aufzunehmen.

In den USA fliegen alle MH-47-Versionen ausschließlich beim 160th Special Operations Aviation Regiment. Die RAF führt Chinook-Einsätze derzeit von der No. 7 Squadron mit Chinook HC6 durch. Dieser Teil der Joint Special Forces Aviation Wing (JSFAW), ein gemeinsamer Verband der britischen Armee und der RAF, koordiniert die Luftunterstützung der britischen Spezialkräfte.

Auch Italien verfügt über eine eigene Chinook-Einheit für Spezialeinsätze. Die 261. Mittlere Transporthubschrauberstaffel des 3. Hubschrauberregiments für spezielle Operationen (3° Reggimento Elicotteri per Operazioni Speciali) namens Aldebaran fliegt die Variante CH-47F ER und ist in Viterbo stationiert.

Abwurf von Nachschubgütern

Pakistanische Soldaten drängen sich in der Stadt Balakot (Pakistan) um einen CH-47-Chinook-Hubschrauber der US Army, um nach dem Erdbeben von 2005 Zelte abzuladen. Das Fehlen eines Heckrotors ermöglicht den ungehinderten Zugang über eine große Heckrampe und erleichtert das Be- und Entladen des Hubschraubers.

MD-HELICOPTERS AH-6M/OH-6

Das Killer Egg ist seit mehr als fünf Jahrzehnten fester Bestandteil der US-Spezialoperationen beim 160th Special Operations Aviation Regiment, den berühmten Night Stalkers. Der aktuell verwendete AH-6 ist eine Weiterentwicklung des OH-6 Cayuse, der Mitte der 1960er-Jahre von Hughes Helicopters aufgrund einer Ausschreibung der US Army für einen leichten Beobachtungshubschrauber entwickelt und gebaut wurde – und diese gewonnen hat. Über einen kleinen Umweg entstand auch der Bell AH-58 Kiowa, einer der erfolgreichsten Hubschrauber aller Zeiten, aus diesem Wettbewerb. Der OH-6 zeigte 1966 seine Leistungsfähigkeit auf einmalige Weise: mit 23 Hubschrauber-Weltrekorden in Geschwindigkeit, Ausdauer und Steigzeit, von denen zwei noch immer gültig sind. Einsätze in Vietnam bewiesen seine hohe Geschwindigkeit und Manövrierfähigkeit. Sie zeigten auch, dass seine moderne Bauweise die Insassen bei Abstürzen schützte, die in anderen Hubschraubern nicht zu überleben gewesen wären. Es verwundert nicht, dass der OH-6 bei den Besatzungen sehr beliebt war.

MH-6/AH-6 Little Bird

Aus dem OH-6 entstanden Anfang der 1980er-Jahre zwei Basisvarianten für Spezialeinheiten, der MH-6 und der AH-6 Gunship. Die kleinen Hubschrauber können Einsatzkräfte schnell in Gebiete verlegen, die für den größeren MH-60 Black Hawk unzugänglich sind. Gerade der AH-6 kann auch Begleitschutz für die größeren Hubschrauber der Spezialeinheiten leisten. Little Birds waren häufig beim 160th Special Operations Aviation Regiment im Einsatz. Sie flogen Einsätze bei Invasionen in Grenada, Nicaragua und Panama und bei Operation Prime Chance im Persischen Golf, wo ihnen Lastkähne als mobile Seestützpunkte dienten. Im Jahr 1993 setzten die Hubschrauber im somalischen Bürgerkrieg bei der Schlacht von Mogadischu Delta-Force-Truppen auf den Dächern der Stadt ab. Dabei wurde ein MH-60L durch eine Panzerfaust abgeschossen, ein MH-6 landete auf der Straße neben dem Wrack, um die Verletzten zu evakuieren. Es gelang dem Piloten, zwei Soldaten zu bergen, während ihm der Kopilot vom Cockpit aus Feuerschutz gab. Unter heftigem Bodenfeuer flog der MH-6 die Überlebenden wieder in Sicherheit.

Little Birds kamen bei der Invasion des Irak im Jahr 2003 verstärkt zum Einsatz. Sie nahmen an einem Spezialeinsatz in Al-Qadisiyah im Westen des Irak teil und unterstützten im April 2003 das 75th Ranger Regiment bei der Einnahme des Haditha-Dammkomplexes. Im selben Monat wirkten AH-6 bei der erfolgreichen Befreiung der US-Kriegsgefangenen Private First Class Jessica Lynch mit. Diese Aktion fand in den Medien besondere Beachtung, da es sich um die erste erfolgreiche Gefangenenbefreiung eines US-Bürgers seit dem Zweiten Weltkrieg und die erste einer Frau handelte.

Im September 2009 setzten US Navy SEALs zwei AH-6 und zwei MH-6 bei einer Operation in Somalia ein, um im Rahmen von Operation Celestial Balance den gesuchten Terroristen Saleh Ali Saleh Nabhan zu töten.

Aktuelle Modifikationen

Der aktuelle Little Bird entstand aus dem zivilen MD530F. Er verfügt über einen Sechsblatt-Hauptrotor und ein verbessertes T63-Wellenleistungstriebwerk von Rolls-Royce (vormals Allison) für den Betrieb in hochgelegenen und heißen Umgebungen. Das USSOCOM betreibt den AH-6M Gunship und den zur Ein- und Ausschleusung von Spezialkräften ausgerüsteten MH-6M.

Der AH-6M verfügt über leichte Außenträger für Waffensysteme wie M134-Miniguns, M260-FFAR-Raketenbehälter, Hellfire-Raketen und dreiläufige GAU-19-Gatling-Kaliber-.50-Kanonen. Der AN/ZSQ-3(V2 Attack)-FLIR-Sensor nutzt

MD HELICOPTERS MH-6 LITTLE BIRD

Herkunftsland	USA
Hersteller	MD Helicopters
Erstflug	27. Februar 1963 (OH-6)
Abmessungen	Länge 9,94 m Rotordurchmesser 8,35 m Höhe 2,67 m
Startgewicht max.	1.406 kg
Antrieb	1x Allison T63-A-5A- oder T63-A-700-Wellenturbine mit 317 kW (425 PS), gedrosselt auf 280 kW (375 PS)
Höchstgeschwindigkeit	282 km/h
Reichweite	430 km
Dienstgipfelhöhe	5.700 m (18.700 ft)
Besatzung	2, bis zu 6 Soldaten
Bewaffnung	wahlweise 2x 12,7-mm-GAU-19-Maschinengewehr oder 2x 7,62-mm-M134-Minigun-Gatling-Maschinengewehr, bis zu 2x LAU-68D/A-7-Rohr-Raketenstarter für 2,75-mm-Hydra-70-Rakete, alternativ bis zu 4x AGM-114-Hellfire-Rakete oder FIM-92-Stinger-Rakete

MH-6 Little Bird

Ein MH-6 demonstriert auf der International Special Operations Forces Week 2018 in Tampa (Florida) seine außergewöhnliche Wendigkeit. Geschwindigkeit und Manövrierfähigkeit dieses flinken Hubschraubers sind die wichtigsten Vorzüge für Spezialeinsätze.

zur Zielerfassung einen Laserentfernungsmesser und einen Zielmarkierer, der die AGM-114-Hellfire-Raketen mit Daten versorgt. Der MH-6M kann hingegen diverse Spezialausrüstungen tragen: EPS (External Personnel Pods), umlegbare Sitzbänke außen am Rumpf für je zwei bis drei Soldaten, FRIES(Fast Rope Insertion/Extraction)-Gerät, Tragegestelle für bis zu zwei Motorräder und ein Winden-/Hebezeugsystem. Alle MH-6-Hubschrauber wurden bis 2015 auf den MH-6M-Standard modernisiert.

SIKORSKY CH-53 STALLION

Der größte nicht-sowjetische Hubschrauber, der imposante CH-53, ist seit Mitte der 1960er-Jahre in verschiedenen Varianten im Einsatz. Eine Spezialeinsatz-Ausführung der USAF mit Kultstatus ist der MH-53 Pavelow. Die Air Force hat ihn inzwischen ausgemustert, er fliegt aber weiter für Spezialeinheiten des US Marine Corps und der deutschen Streitkräfte.

Super und King Stallions

Der CH-53 Sea Stallion machte 1964 seinen Erstflug. Die USA setzten ihn in zahlreichen Kriegsgebieten rund um den Globus ein, zunächst in Vietnam, wo er als HH-53 Super Jolly Green Giant der USAF zwischen 1967 und 1975 als wichtigster Such- und Rettungshubschrauber in Südostasien diente.

Der verbesserte CH-53E Super Stallion wurde 1986 in Dienst gestellt. Auf einem Rekordeinsatz flogen sechs Hubschrauber mit Marines 890 Kilometer weit, um den ersten Landstützpunkt in Afghanistan, Camp Rhino, einzunehmen. Dies war der bislang entfernteste amphibische Angriff der Geschichte. Im Jahr 2003 setzten CH-53E der Marines im Irak US Army Rangers und Spezialeinheiten zur Rettung der gefangenen Soldatin Jessica Lynch ab. Rund 150 CH-53E sind noch beim USMC im Einsatz.

Im Jahr 2022 wurde die neueste Stallion-Variante CH-53K King Stallion eingeführt, das Marine Corps plant die Beschaffung von 200 Hubschraubern. Die wichtigste Neuerung sind die drei neuen, 7.500 PS (5.600 kW) starken GE38-1B-Triebwerke von General Electric, die den CH-53K 37 km/h schneller machen als seinen Vorgänger CH-53E. Er hat den doppelten Aktionsradius und kann mehr als die doppelte Ladung tragen. Sein Frachtraum ist geräumig genug für ein Humvee-Fahrzeug. Verbundwerkstoff-Rotorblätter sorgen für bessere Leistung bei hohen Temperaturen, das neue digitale Glascockpit bietet Fly-by-Wire-Steuerung und haptisches Feedback. Bis Ende 2022 wurden 18 CH-53K gebaut.

SIKORSKY CH-53K KING STALLION

Herkunftsland	USA
Hersteller	Sikorsky
Erstflug	22. April 2015 (CH-53: 14. Oktober 1964)
Abmessungen	Länge 30,00 m Rotordurchmesser 24,00 m Höhe 8,66 m
Startgewicht max.	39.916 kg
Antrieb	3x 5.600 kW (7.500 PS) General-Electric-T408(GE38-1B)-Wellenturbine
Höchstgeschwindigkeit	310 km/h
Reichweite	850 km
Dienstgipfelhöhe	4.900 m (16.000 ft)
Besatzung	4, bis zu 30 Soldaten oder 24 Krankentragen
Bewaffnung	2x im Seitenfenster montiertes, bewegliches 12,7-mm-M2-Maschinengewehr, 1x bewegliches, auf der Rampe montiertes 12,7-mm-FN-GAU-21-Maschinengewehr (ramp-mounted weapons system/RMWS)

Einsatz bei der deutschen Luftwaffe

Der CH-53G (G für Germany) ist als taktischer Schwerlasthubschrauber nach wie vor im Einsatz. Seine Ablösung durch den CH-47F war bereits für 2022 angekündigt, er wird aber voraussichtlich noch bis mindestens 2030 in der Luftwaffe verbleiben. Abgesehen von zwei Sikorsky-Vorserienmodellen wurden alle CH-53G bei VFW-Fokker in Deutschland gebaut. Sie unterstanden lange der Heeresfliegertruppe und waren unter NATO-/UN-Kommando bei den deutschen Streitkräften im Kosovo, in Bosnien und Herzegowina sowie – in jüngster Zeit – im Irak im Einsatz. 2013 wechselten alle CH-53G zur Luftwaffe in das Hubschraubergeschwader 64 in Holzdorf.

Einsatzerfahrungen in Übersee schlugen sich in mehreren Nachrüstungen durch Eurocopter Deutschland nieder. Zunächst erhielten 20 CH-53G-Hubschrauber für Combat Search and Rescue (CSAR) ein Upgrade auf den CH-53GS-Standard. Hinzu kamen eine verbesserte IFR-Ausrüstung, Außentanks, ein Cockpit mit Tiefflug-Nachtsichtausrüstung und Nachtsichthelmen, ein Teil-Panzerschutz, Triebwerksstaubfilter und verbesserte Selbstschutzsysteme. Stärkere T64-100-Triebwerke eigneten sich besser für das heiße afghanische Klima. MG3- und M3M-Maschinengewehre

Sikorsky CH-53E Super Stallion

Ein CH-53E der Marine Medium Helicopter Squadron 165 (HMM-165) des US Marine Corps im Jahr 2008 beim Anflug auf das Deck des amphibischen Angriffsschiffs USS Peleliu (LHA-5) im Persischen Golf.

wurden eingebaut. Ein weiteres Upgrade führte zum C-53GA mit neuem Cockpit, Steuerungssystem und Autopilot, modernen Navigations- und Kommunikationssystemen, FLIR, ECM und Raketenabwehrsystemen sowie Vorbereitungen für weitere Rumpftanks. Bis 2013 wurden 40 Hubschrauber nach CH-53GA-Standard fertiggestellt. Der CH-53GA ist nach wie vor der wichtigste schwere Transporthubschrauber des Kommandos Spezialkräfte (KSK).

Einsatz in Israel

Ein weiterer, wichtiger CH-53-Nutzer ist Israel. Die israelische Luftwaffe (Heyl Ha'Avir) betreibt 23 CH-53 namens Yas'ur (Sturmvogel), die seit Auslieferung des ersten Exemplars 1969 oftmals eingesetzt werden. Israelische CH-53 spielten im Abnutzungskrieg Ende 1969 eine entscheidende Rolle bei Operation Rooster 53, der Kaperung eines ägyptischen, von der Sowjetunion gelieferten P-12-Radarsystems. Sobald israelische Elitetruppen die Radarstellung mit Super-Frelon-Hubschraubern eingenommen hatten, landeten zwei CH-53. Einer nahm den Fernmeldewagen und die Radarantenne an Bord, der andere flog das vier Tonnen schwere Radargerät über das Rote Meer zur Untersuchung nach Israel. CH-53-Hubschrauber fliegen derzeit in zwei israelischen Einheiten. Sie erhielten im Rahmen des Service Life Extension Programme (SLEP) neue Rotoren, Strukturverstärkungen, eine Glascockpit-Teilausrüstung und aktuelle Avionik. Yas'urs dienen in erster Linie zu CSAR-Aufgaben, aber auch zur Verlegung und Unterstützung von Spezialkräften. Das israelische Verteidigungsministerium erklärte 2021, die CH-53-Flotte durch zwölf neue CH-53K King Stallion zu ersetzen.

Sikorsky CH-53E Super Stallion

Ein Super Stallion des Marine Corps demonstriert im Jahr 2017 bei einer Übung seine Fähigkeit zum Transport von Hängelasten, als er einen Humvee anhebt. Der CH-53E kann sogar doppelt so schwere Außenlasten tragen.

MIL MI-8 MTV-5-1

Herkunftsland	UdSSR/Russland
Hersteller	Hubschrauberwerk Kasan
Erstflug	7. Juli 1961
Abmessungen	Länge 18,65 m Rotordurchmesser 21,29 m Höhe 5,54 m
Startgewicht max.	13.000 kg
Antrieb	2x 1.491 kW (2.000 PS) Klimow(St. Petersburg)-TV3-117VM-Wellenturbine
Höchstgeschwindigkeit	250 km/h
Reichweite	690 km
Dienstgipfelhöhe	6.000 m (19.685 ft)
Besatzung	3, bis zu 24 Passagiere oder 12 Tragbahren mit 1 Begleitperson
Bewaffnung	bis zu 4.000 kg Waffen und Munition

Mil Mi-8

Ukrainische Soldaten seilen sich während der Übung Rapid Trident 2021 von einem Mi-8-Hubschrauber ab. Die hinteren Klapptüren waren umständlich zu bedienen und unbeliebt. Das Problem wurde bei diesem Mi-8 durch die vollständige Entfernung der Türen gelöst.

MIL MI-8 UND MIL MI-17

Der Mil Mi-8 und seine Exportvariante Mil Mi-17 sind die meistproduzierten Hubschrauber der Welt. Beide tragen den NATO-Codenamen Hip. Es überrascht kaum, dass sie von mehreren Nationen für Spezialeinheiten eingesetzt werden, vor allem in ehemaligen Warschauer-Pakt-Staaten und den meisten früheren Sowjetrepubliken. Eher ungewöhnlich ist aber ihr Einsatz bei Spezialeinheiten des früheren Hauptgegners im Kalten Krieg: der Vereinigten Staaten von Amerika.

Sowjetische Entwicklung

Der Mi-8 entstand ab 1958 in dem von Michail Mil geleiteten Konstruktionsbüro. 1961 erschien ein einmotoriger Prototyp. Mil hatte bereits mit den Arbeiten an einer zweimotorigen Version begonnen, die im August 1962 ihren Erstflug machte. Die ersten Mi-8TV-Militärhubschrauber wurden 1968 in Dienst gestellt. Seither befindet sich der Mi-8 ununterbrochen in Produktion und wird von militärischen und zivilen Betreibern genutzt. Gegenwärtig setzen rund 100 Nationen den Mi-8 ein, seine Laufbahn war überaus wechselvoll und ereignisreich. Ein besonderer Einsatz ereignete sich im sowjetischen Afghanistankrieg Anfang der 1980er-Jahre, als die Mi-8-Hubschrauber sowjetische Spezialeinheiten, ähnlich wie 20 Jahre später verbündete Truppen, absetzten und als bewaffnete Aufklärer die Bekämpfung von Aufständischen unterstützten. Jede in Afghanistan operierende Speznas-Brigade verfügte über eine eigene Hubschrauberstaffel. Sobald eine Meldung über einen feindlichen Trupp oder einen verdächtig aussehenden Konvoi einging, flogen Mi-8 die Speznas-Truppen zu einem geheimen Absetzpunkt auf der gegnerischen Route. Mi-8 boten den Angriffstruppen Luftschutz, unternahmen Aufklärungs- und Überwachungsflüge und vereitelten Rückzugsversuche. Bei nächtlichen Einsätzen in Afghanistan erprobten die Mi-8-Besatzungen zum ersten Mal die Verwendung von PNV-57E-Nachtsichtgeräten. Diese Technologie ist für Spezialoperationen mittlerweile praktisch unverzichtbar.

Afghanistan-Einsatz
Der Mi-8 zeigte sich während der Operation Enduring Freedom ebenso geeignet für die Bedingungen in Afghanistan wie seinerzeit beim Einmarsch der Sowjetunion im Jahr 1979. Dieses Exemplar versorgt einen verschneiten, vorgelagerten US-Stützpunkt.

Einsatz in Polen

Wenige frühere sowjetische Konstruktionen sind so weit verbreitet wie die Mil Mi-8 und Mi-17, ein Beweis für die Zuverlässigkeit des Originalentwurfs. Hier besteigen US-Truppen bei einer Übung in Westpolen einen polnischen Mi-17.

Im Kosovo-Krieg setzte die jugoslawische Luftwaffe Mi-8 für den Truppentransport in unzugängliche Gebirgsregionen ein. Während der NATO-Bombardierung Jugoslawiens im Jahr 1999 evakuierten die Hubschrauber Verletzte. Dabei flogen sie äußerst tief, um nicht von NATO-Flugzeugen entdeckt zu werden. Im selben Jahr schoss der Bordschütze einer jugoslawischen Mi-8 mit dem 7,62-mm-Maschinengewehr eine Hunter-Drohne der US-Armee ab. In jüngerer Zeit kamen Mi-8 der verbündeten Streitkräfte in Afghanistan zum Einsatz. Kanada leaste bis zur Einführung des CH-47D in der Region sechs bis acht MIL-Hubschrauber.

Ukraine-Krieg

Seit dem Beginn der russischen Invasion im Jahr 2022 sind Mi-8 beider Seiten in die Kämpfe verwickelt. Die ukrainischen Streitkräfte setzten Mi-8 ein, um ihre Truppen während der Belagerung von Mariupol im Hüttenwerk Azovstal mit Nachschub zu versorgen und Verstärkungen für das Azov-Regiment einzufliegen. Bei dieser Operation kamen etwa 16 Mi-8 zum Einsatz, zwei wurden abgeschossen. Ein seltsames Schicksal wollte es, dass 16 von den USA beschafften, für die afghanische Armee vorgesehenen Mi-17 an die Ukraine geliefert wurden. Sie befanden sich gerade in Afghanistan in der Wartung, als die Taliban die Kontrolle über das Land wiedererlangten. Die Ukraine wird sie möglicherweise für Spezialeinsätze verwenden.

Russland verwendet heute den Angriffshubschrauber Mil Mi-8AMTSch für Unterstützungseinsätze der Speznas. Er hat eine einteilige, hydraulisch betriebene Heckrampe, die Ende der 1980er-Jahre aufgrund der Afghanistan-Erfahrungen eingerüstet wurde und die unpraktischen Klapptüren älterer Versionen ersetzte. Diese ließen sich nur langsam und umständlich öffnen, was in einer Kampfsituation nicht akzeptabel war.

Der Mi-8AMTSch besitzt Außenträger für bis zu sechs Waffen oder andere Ausrüstung. Zur typischen Beladung zählen vier Behälter für ungelenkte 80-mm-Raketen, UPK-23-250-Gun-Pods, Submunitionswerfer, Bomben und Brandgeschosse. Einige Hubschrauber sind für ein bewegliches, einläufiges 7,62-mm-Maschinengewehr in der Nase und ein weiteres am hinteren Kabinen-Notausstieg vorgerüstet. Truppen können Handwaffen durch die Kabinenfenster abfeuern. Der ab 1999 erprobte Mi-8MTKO verfügt über einen elektro-optischen Turm mit FLIR und Laserentfernungsmesser, Satellitennavigation, ein neues Avioniksystem mit Multifunktionsdisplays und Nachtsichtgeräte.

JAWBREAKER

Die Operation Jawbreaker (Kieferbrecher), auch weniger dramatisch bekannt als das Northern Afghanistan Liaison Team (NALT), ist eine der seltenen CIA-Unternehmungen, über die Konkretes bekannt ist. Jawbreaker war der Codename des ersten CIA-Teams, das nach den Anschlägen vom 11. September 2001 nach Afghanistan einreiste. Die Agenten kamen in einem Mi-17-Hubschrauber über das Hindukusch-Gebirge in das Panjshir-Tal, wo sie mit Vertretern der Nordallianz Kontakt aufnahmen. Das Jawbreaker-Team richtete einen Stützpunkt mit sicherer Kommunikation zum CIA-Zentrum für Terrorismusbekämpfung (CTC) in Langley ein und bereitete eine Landebahn für Nachschubflüge vor.

Der verwendete Mi-17 trug die Kennung 91101, denn er war das erste Luftfahrzeug, mit dem die USA auf die Anschläge vom 11. September reagierten. Der Hubschrauber war schon recht alt. Während des Einsatzes leckte ständig Öl aus der Hydraulik des Heckrotors. Später stellte sich heraus, dass die für das Team deponierten Treibstoffvorräte verunreinigt waren, die CIA-Agenten filterten den Treibstoff mit ihren Socken. Jawbreaker nutzte GPS, um die Positionen der Nordallianz und der Taliban an der Front zu bestimmen. Dies erwies sich als entscheidend, als später US-Luftstreitkräfte im Einsatzgebiet auftauchten. Das Team schuf mit den Einheiten der Nordallianz die Grundlage für den Einzug von US-Spezialkräften in das Panjshir-Tal und die Aufnahme von Operationen gegen die Taliban und Al-Qaida.

Im Oktober stieß ein Eliteteam des Operational Detachment Alpha der 5th Forces Group in das Tal vor, um sich mit Jawbreaker zu treffen. Sie brachten SOFLAM-Laserzielgeräte mit, um US-Luftangriffe mit präzisionsgelenkten Waffen auf Taliban- und Al-Qaida-Stellungen in der Shomali-Ebene zu unterstützen. Über weitere Einsätze des Hubschraubers 91101 ist nichts bekannt. Fest steht nur, dass er im Jahr 2012 noch in Afghanistan diente. Heute steht er im Privatmuseum der CIA und kann aufgrund seiner geheimen Rolle leider nicht von der Öffentlichkeit besichtigt werden.

MIL MI-17

Der Mi-17-Hubschrauber mit der Nummer 91101 im CIA Museum in Langley (Virginia) brachte das Jawbreaker-Team nur 15 Tage nach den Terroranschlägen des 11. September 2001 in den Norden Afghanistans.

Interessant für Spezialeinsätze

Mil Mi-8 und Mi-17 waren robust und einfach zu warten, was sie für Spezialeinsätze noch attraktiver machte. Die CIA setzt seit mindestens zwei Jahrzehnten Mi-8 und Mi-17 für verdeckte Operationen ein. Da die Hubschrauber fast überall vertreten sind, erregen sie weniger Aufmerksamkeit als ein MH-60 Black Hawk oder ein VH-22 Osprey. Die in Russland gebauten Hubschrauber werden auch nicht ohne weiteres mit den US-Streitkräften in Verbindung gebracht. Sie sind billig im Unterhalt, und durch ihre hohen Produktionszahlen gibt es auch außerhalb der US-Lieferketten keine Ersatzteilprobleme.

Der Mi-8 ist auch in großen Höhen sehr leistungsfähig und daher ideal für Einsätze in hochgelegenen und heißen Gebieten Afghanistans geeignet, wo bis vor kurzem die meisten verdeckten US-Aktivitäten stattfanden. Im Irak wurden CIA-Hubschrauber mit Zusatzantennen für das Batwing Satellitenkommunikationssystem und verschiedene Selbstschutzsysteme wie IR-Täuschkörper (Flares) und AN/ALQ-144-Infrarot-Störsender gesichtet.

Seit dem Abzug der US-Streitkräfte aus Afghanistan tauchen in den USA gelegentlich geheimnisvolle, ungekennzeichnete Mi-17 auf. Im September 2021 machte ein solcher Hubschrauber wegen eines Hydraulikproblems eine Notlandung auf dem Feld eines Bauernhofs in North Carolina. Der Mi-17 sah mit einem Sensorengehäuse unter dem vorderen Rumpf und Panzerung an den Cockpitseiten militärisch aus. Er hatte große Luftfilter für sandige oder staubige Umweltbedingungen an den Triebwerkseinlässen. Der Heckausleger war mit verschiedenen Antennen bestückt, darunter einem tellerförmigen Exemplar für Hochfrequenz-Satellitenkommunikationssysteme (SATCOM).

Mi-17 gehören vermutlich zur Flotte des geheimen Aviation Technology Office (ATO). Diese Einheit der US Army ist auf dem Felker Army Airfield stationiert, einem Teilbereich der Militäranlage Fort Eustis in Virginia. Satellitenbilder zeigten Mi-17 auf dem Vorfeld in der Nähe des ATO-Hangars. Sie lassen darauf schließen, dass die US-Streitkräfte weiterhin Mil-Hubschrauber für Geheimoperationen nutzen.

AÉROSPATIALE PUMA, EUROCOPTER COUGAR, AIRBUS HELICOPTERS CARACAL

Obwohl seine erste Version bereits 1965 den Erstflug machte, ist der Aérospatiale SA 330 Puma noch immer bei mehreren Nationen im Einsatz. Frankreich und Großbritannien beschafften den Hubschrauber in den späten 1960er-Jahren und betreiben ihn bis heute. Britische Pumas erwiesen sich

Aérospatiale Puma
Der Puma ist bei den britischen Spezialeinheiten äußerst beliebt und schon lange bei der Royal Air Force im Einsatz. Dieser Puma der Aviation Task Force 3 wurde im Juni 2022 über Litauen fotografiert.

Aérospatiale Super Puma

Kommandotruppen aus Singapur seilen sich 2005 bei einer multinationalen Militärübung im Südchinesischen Meer von einem Super Puma auf das Deck des Frachters MV Avatar ab.

als so nützlich, dass sie nach einer Auszeit als Trainingshubschrauber noch einmal erheblich modernisiert und wieder in den Einsatz gebracht wurden. Der Puma ist für hohe Geschwindigkeiten, Manövrierfähigkeit und gute Leistungen in hochgelegener, heißer Umgebung konzipiert. Er hat einen für seine Größe geringen Fußabdruck von Verwirbelungen und Lärm, was ihn sehr für Einsätze in Stadtgebieten eignet. Die Triebwerke verfügen über derartige Leistungsreserven, dass ein Puma im Notfall auch mit einem Triebwerk mit Maximalgewicht weiterfliegen kann.

In britischen Diensten war der Puma als HC Mk 1 auf den Falkland-Inseln im Einsatz. Auch die argentinischen Streitkräfte verwendeten den Hubschrauber. Er avancierte zum regulären Transportmittel für britische Spezialeinheiten und eignete sich, wie ein SAS-Mitarbeiter anmerkte, gut für verdeckte Aufgaben. Puma HC.1 kam erst im Jahr 2009 bei der Ein- und Ausschleusung von Spezialeinheiten im Irak zum Einsatz. Die Umweltbedingungen in Afghanistan erforderten mehr Motorleistung. 24 Pumas erhielten daher Makila-1A1-Triebwerke ausgemusterter, südafrikanischer Super Pumas, dazu moderne digitale Avionik und mehr Treibstoffkapazität. So umgerüstet, waren sie unter der Bezeichnung HC Mk 2 im Jahr 2015 wieder voll einsatzfähig.

Französische Pumas beteiligten sich an der aufsehenerregenden Operation Barracuda von 1979, als sie nach einem Staatsstreich im Zentralafrikanischen Kaiserreich einen französischen Angriffstrupp direkt zum Hauptquartier flogen. Während des Jugoslawienkonflikts der 1990er-Jahre schleusten französische Pumas einen britischen SAS-Trupp bei Nacht aus und unterstützten die koordinierte Luftlandung zweier französischer Fallschirmjägerkompanien, die die Einnahme von Mitrovica (Kosovo) durch NATO-Bodentruppen anführen sollten. Die Puma-Hubschrauber werden derzeit durch den NH90 ersetzt. Noch sind einige Pumas in Frankreich im Einsatz, vor allem beim 4e Régiment d'Hélicoptères des Forces Spéciales (4e RHFS).

Vom Super Puma zum Caracal

Der große Erfolg des Puma führte zur Entwicklung des AS 332 Super Puma, der 1977 seinen Erstflug machte. Er hat einen neu gestalteten, längeren und aerodynamisch günstigeren Rumpf mit größerem Fassungsvermögen und besseren Crash-Eigenschaften. Zwei starke Turbomeca-Makila-Wellenturbinen sorgen für die nötige Leistung. Nach 1990 erhielten alle Super Pumas im militärischen Einsatz die Bezeichnung AS 532 Cougar, um sie von den zivilen Varianten zu unterscheiden. Der Cougar ist ähnlich beliebt wie sein bei

AIRBUS EC 725 CARACAL

Herkunftsland	Frankreich
Hersteller	Airbus Helicopters
Erstflug	27. November 2000 (SA 330 Puma: 15. April 1965)
Abmessungen	Länge 19,50 m Rotordurchmesser 16,20 m Höhe 4,60 m
Startgewicht max.	11.200 kg
Antrieb	2x 1.776 kW Turboméca Makila 2A1 Wellenturbine
Höchstgeschwindigkeit	324 km/h
Reichweite	920 km
Dienstgipfelhöhe	6.095 m (20.000 ft)
Besatzung	1 oder 2, bis zu 28 Soldaten und 1 Lademeister
Bewaffnung	2x schnellverschlussmontiertes 7,62-mm-Allzweck-Maschinengewehr oder 20-mm-Kanone

Eurocopter AS 532 Cougar
Bulgarische Spezialkräfte demonstrieren während einer Übung die Kunst des schnellen Abseilens von einem Eurocopter AS 532AL Cougar. Im Hintergrund: der allgegenwärtige Mi-8.

über einem Dutzend militärischer Betreiber fliegender Vorgänger. Er kann alternativ bis zu 29 Soldaten, sechs Verletzte auf Tragen und zehn Sanitäter oder anderes Personal transportieren. Der AS 532 hebt bis zu 4,5 Tonnen schwere Außenlasten. Die Utility-Version AS 532 UL kann mit dem optionalen Horizon-Bodenüberwachungssystem ausgerüstet werden. Die bewaffnete Variante AS 532 AL ist mit einer Vielzahl von Waffensystemen kompatibel, darunter auf Gondeln montierte 20-mm-Kanonen, 68-mm-Raketenwerfer und seitlich montierte Maschinengewehre.

Die weitere Entwicklung führte zum Eurocopter EC 725 Caracal. Aérospatiale wurde 1992 Teil des Eurocopter-Konsortiums. 2015 verschwand der Name Eurocopter, der Hubschrauber trägt seither die Bezeichnung Airbus Helicopters H225M. Der Caracal entstand durch die französische Beschaffungsmaßnahme eines CSAR-Spezialhubschraubers. Der Cougar war in den späten 1990er-Jahren nach seiner Erprobung abgelehnt worden. Der EC 725 (Erstflug: 2000) stammt vom AS 532 Cougar ab, hat aber einen neuen, vibrationsärmeren Verbundwerkstoff-Fünfblatt-Hauptrotor

Airbus Helicopters H225M Caracal
Ein Caracal der französischen Spezialkräfte wartet im Januar 2017 auf dem Luftwaffenstützpunkt Mont-de-Marsan im Südwesten Frankreichs auf die Ankunft von Präsident François Hollande. Caracals der Spezialeinheiten sind normalerweise in Pau am Nordrand der Pyrenäen stationiert.

mit verändertem Profil. Der Hubschrauber kann optional zum Schutz von Besatzung und Passagieren gepanzert werden und wird von zwei Turbomeca-Makila-1A4-Wellentriebwerken mit digitaler Zweikanal-FADEC-Steuerung angetrieben. Das verstärkte Hauptrotorgetriebe und ein Glascockpit mit integrierten Aktivmatrix-LCD-Displays und digitaler Kartendarstellung zählen zu den weiteren Verbesserungen.

Der Caracal ist mit FLIR ausgestattet. Er kann eine Vielzahl von Waffen oder anderen Außenlasten tragen, darunter zwei 7,62-mm-FN-MAG-Maschinengewehre im vorderen linken und rechten Fenster, zwei seitlich montierte 68-mm-Thales-Brandt- oder -Forges-de-Zeebrugge-Werfer mit jeweils 19 Raketen oder den aus der Luft abzufeuernden MU90-Impact-Torpedo. Brasilianische EC 725 besitzen ein von Helibras entwickeltes Abwehrsystem mit Düppeln und IR-Körpern gegen Radar und wärmesuchende Raketen. EC 725 der brasilianischen Marine erhielten auch die Exocet-Schiffsabwehrrakete. Thales baute Selbstschutzsysteme für die französischen EC 725.

Frankreichs 4e Régiment d'Hélicoptères des Forces Spéciales setzt weltweit EC 532 Cougar und H225M Caracal als Transport- und Luftunterstützungshubschrauber für seine Spezialeinheiten ein. Im Sommer 2006, keine sechs Wochen nach ihrer Indienststellung, flogen drei EC 725 der französischen Luftwaffe nach Zypern, um im Rahmen der Opération Baliste Zivilisten aus dem Libanon zu evakuieren.

EC 725 kamen später auch in Afghanistan zum Einsatz. Upgrades umfassten einen neuen FLIR-Sensor (SAGEM), eine an der Tür montierte Nexter-SH20-20-mm-Kanone, FADEC-Updates für den Kaltwetter-Betrieb und Maßnahmen zur Verringerung des Instandhaltungsaufwands.

Der wichtigste H225M-Betreiber wird jedoch Brasilien mit geplanten 50 Hubschraubern sein. Luftstreitkräfte, Heer und Marine nutzen das Muster, verwirrenderweise unter den Bezeichnungen UH-15 Super Cougar, H-36 Caracal und HM-4 Jaguar. Im April 2022 probten alle drei Teilstreitkräfte im Rahmen der Marineübung Poseidon 2022 vor der Küste von Rio de Janeiro Starts und Landungen, medizinische Evakuierungseinsätze sowie die Luftlandung und Einschleusung von Sondereinsatztruppen. Stand 20203 sind Cougar und Caracal weiter in Produktion.

Bell OH-58 Kiowa
32 OH-58D Kiowa Warriors der 1st Squadron des 17th Cavalry Regiments, 82nd Combat Aviation Brigade, führen in Fort Bragg (North Carolina) einen Abschiedsflug durch. Der Kiowa ist weiterhin in Australien und Österreich im Einsatz.

BELL OH-58 KIOWA

Der Kiowa ist die Militärversion des überaus erfolgreichen Bell Jet Ranger. Aus einer Beschaffungsmaßnahme der US Army für einen leichten Beobachtungshubschrauber (1960) entstand der D-250, der spätere OH-58. Er machte 1964 seinen Erstflug. Sein Konkurrent Hughes OH-6 gewann die Ausschreibung, und Bell verfolgte sein Projekt D-250 als Zivilhubschrauber weiter. Eine geräumigere Sitzanordnung im Heck gab dem Helikopter ein ansprechenderes Äußeres. Er kam als Bell 206A Jet Ranger auf den Markt und mauserte sich bald zu einem der erfolgreichsten Zivilhubschrauber der USA. Hughes steckte derweil in Schwierigkeiten, seine Produktionsziele zu erfüllen. Bell reichte daher den überarbeiteten Bell 206A erneut bei der US Army ein und unterbot den Preis des Hughes-Konkurrenzmodells. So erhielt der Hersteller doch noch einen Auftrag für seinen Hubschrauber, der nun die militärische Bezeichnung OH-58 Kiowa erhielt.

Bei den ersten Kampfeinsätzen des OH-58 Kiowa in Vietnam gingen innerhalb eines Jahres etwa 45 Hubschrauber verloren, doch im Laufe seiner langen und erfolgreichen Karriere wurde der OH-58 in viele Länder exportiert. Auch bei den Spezialeinheiten hatte er viel Erfolg, zu den besonderen

BELL OH-58 KIOWA

Herkunftsland	USA
Hersteller	Bell Helicopters
Erstflug	10. Januar 1966
Abmessungen	Länge 12,85 m Rotordurchmesser 10,67 m Höhe 3,93 m
Startgewicht max.	2.495 kg
Antrieb	1x 478 kW (650 PS) Allison-T703-AD-700A-Wellenturbine
Höchstgeschwindigkeit	240 km/h
Reichweite	556 km
Dienstgipfelhöhe	4.575 m (15.000 ft)
Besatzung	2 Piloten
Bewaffnung	optional 1x starres, nach vorn gerichtetes 12,7-mm-M3P- oder -M296-Maschinengewehr, 1x LAU-68-Raketenwerfer mit 7 70-mm-Hydra-70-Raketen oder 2x AGM 114 Hellfire Rakete

Airbus Helicopters AS365 Dauphin II

Ein SA 365F der französischen Marine während der Opération Harmattan, dem französischen Beitrag zur Flugverbotszone über Libyen 2011, vor dem Start vom Deck der USS Mount Whitney. Im Hintergrund ist der französische Flugzeugträger Charles de Gaulle zu sehen.

Höhepunkten zählt die Operation Prime Chance (1987 bis 1989) zum Schutz unter US-amerikanischer Flagge fahrender Tanker vor iranischen Luft- und Seeangriffen. Der Kiowa war inzwischen zum OH-58D Kiowa Warrior weiterentwickelt worden. Diese bewaffnete Variante konnte Kombinationen von Hellfire-Raketen, Stinger-Luft-Luft-Raketen, 70-mm-Hydra-70-Mehrfachraketenbehälter für sieben Waffen sowie ein Kaliber 12,7-mm-M296-Maschinengewehr tragen.

Heute ist der Kiowa bei den US-Streitkräften nicht mehr im Einsatz. Er wird aber weiterhin von Spezialeinheiten anderer Staaten genutzt, insbesondere von Österreich und Australien. Das Jagdkommando des österreichischen Bundesheeres verfügt über zehn dieser inzwischen recht betagten Helikopter. Australien gehörte zu den ersten OH-58-Exportkunden. Hubschrauber der RAAF dienten in den frühen 1970er-Jahren im Vietnamkrieg. Das 6th Aviation Regiment des Australian Special Operations Command betreibt den Kiowa seit 2009. Die australischen Kiowas unterstützten zunächst Überwachungseinsätze der Spezialkräfte. Heute nutzt die 173rd Squadron sie zur Fortgeschrittenenausbildung künftiger Tiger-ARH- und MRH-90-Taipan-Piloten.

AIRBUS HELICOPTERS AS365 DAUPHIN II

Der Dauphin II ist ein sehr erfolgreicher Hubschrauber auf dem zivilen und militärischen Markt und wurde von Aérospatiale als zweimotorige Version des erfolglosen einmotorigen Dauphin entwickelt. Der Erstflug fand im Januar 1975 statt, und noch im selben Jahr ging der Hubschrauber in Produktion.

AIRBUS HELICOPTERS AS365 DAUPHIN II

Herkunftsland	Frankreich
Hersteller	Airbus Helicopters (ehemals Aérospatiale)
Erstflug	24. Januar 1975
Abmessungen	Länge 13,73 m Rotordurchmesser 11,94 m Höhe 4,06 m
Startgewicht max.	4.300 kg
Antrieb	2x 625 kW (838 PS) Turboméca-Arriel-2C-Wellenturbine
Höchstgeschwindigkeit	306 km/h
Reichweite	827 km
Dienstgipfelhöhe	5.865 m (19.242 ft)
Besatzung	1 oder 2 Piloten, bis zu 12 Passagiere
Bewaffnung	–

Mehr als 40 Jahre später ist der Dauphin II nach der Eingliederung von Aérospatiale in die Firma Eurocopter und der nachfolgenden Umbenennung in Airbus Helicopters im Jahr 2014 noch immer in Produktion.

Der Dauphin II kam häufig bei den französischen Streitkräften zum Einsatz. Ein besonderer Erfolg für den Hersteller des in Frankreich entwickelten Helikopters war seine Auswahl als Standard-SAR-Kurzstreckenmodell HH-65 Dolphin für die US Coastguard (USCG). Die Coastguard setzt das Muster in der bewaffneten Variante MH-65 auch bei der Helicopter Interdiction Tactical Squadron (HITRON) zur Bekämpfung von Drogenschmuggel und Terrorismus ein.

Im Vereinigten Königreich ersetzten Dauphin II in der 658 Squadron Army Air Corps vier Agusta AW109, zwei von diesen hatte Argentinien im Falklandkrieg erbeutet. Die 658 Squadron ist Teil der Joint Special Forces Air Wing. Sie unterstützt den SAS bei Anti-Terror-Inlandseinsätzen aus der Luft und nutzt dessen Stützpunkt Stirling Lines in Hertfordshire. Im Juni 2017 landete ein Dauphin der Staffel auf der London Bridge, um der Metropolitan Police zu helfen. Damals fuhr ein Fahrzeug zuerst in die Fußgängermenge, anschließend wurden wahllos Passanten niedergestochen. ISIS bekannte sich später zu dem Terroranschlag.

AGUSTAWESTLAND AW159 WILDCAT

Herkunftsland	Vereinigtes Königreich
Hersteller	AgustaWestland
Erstflug	12. November 2009 (Westland Lynx: 21. März 1971)
Abmessungen	Länge 15,24 m Rotordurchmesser 12,80 m Höhe 3,73 m
Startgewicht max.	5.790 kg
Antrieb	2x 1.015 kW (1.361 PS) LHTEC-CTS800-4N-Wellenturbine
Höchstgeschwindigkeit	311 km/h
Reichweite	777 km
Dienstgipfelhöhe	6.100 m (20.000 ft)
Besatzung	2 Piloten und bis zu 6 Soldaten
Bewaffnung	1x 7,62-mm-FN-MAG-Maschinengewehr

WESTLAND LYNX UND AGUSTAWESTLAND AW159 WILDCAT

Der in den 1970er-Jahren von Westland in Großbritannien entwickelte Lynx ist ein Mehrzweckhubschrauber für den Land- und Seeeinsatz. Er ist auch der schnellste je gebaute konventionelle Helikopter. Sein Geschwindigkeitsrekord von 400,87 km/h aus dem Jahr 1986 wurde nie gebrochen. Am Ende ihrer Karriere dient die erste Lynx-Version noch beim deutschen Kommando Spezialkräfte Marine, soll aber in naher Zukunft durch den NH90 ersetzt werden.

Der vom Lynx abgeleitete Wildcat machte im Jahr 2009 seinen Erstflug. Obwohl er seinem Vorgänger sehr ähnelt, besteht der AW159 vermutlich zu 95 Prozent aus neuen

AgustaWestland AW159 Wildcat

Der Wildcat hat mit seinem Vorgänger Lynx – abgesehen vom Grundaufbau und dem Rotorgetriebe – wenig gemeinsam. Er steht seit 2015 im Dienst der Royal Navy und ist häufig bei Drogenbekämpfungseinsätzen im Arabischen Meer im Einsatz.

Komponenten. Die verbleibenden fünf Prozent, darunter Bestandteile wie das Kraftstoffsystem und das Hauptrotorgetriebe, sind mit denen der Lynx-Varianten AH7 und HMA8 austauschbar. Es gibt zwei Grundvarianten für den Einsatz zu Lande und zu Wasser, die jedoch dieselbe Zelle haben und zu rund 98 Prozent übereinstimmen. Verbundwerkstoff-Heckausleger, Höhenleitwerk, Heckrotor, Bugstruktur und Avionik des AW159 sind neu. Die Marineversion verfügt zudem über ein Selex-Galileo-Seaspray-7000E-AESA(Active Electronically Scanned Array)-Radar und das L-3-Wescam-MX-15HDi-Elektrooptik/Infrarot-Kamerasystem im Bug.

Das Glascockpit ist die Hauptschnittstelle von Mensch und Maschine. Vier 255x200-mm-Multifunktionsdisplays versorgen die Besatzung mit Informationen und interagieren mit den Avioniksystemen. Dank der leistungsstärkeren LHTEC-1800-Wellentriebwerke bietet der Wildcat eine um über eine Tonne höhere maximale Startmasse als der Lynx.

Royal Army und Navy nutzen heute den AW159. Die ersten Hubschrauber wurden 2012 ausgeliefert und fliegen bei der 847 Naval Air Squadron, der dritten Staffel der Commando Helicopter Force, zur Ergänzung der Wildcat AW101 der beiden anderen Staffeln. Der AW159 dient bei den Royal Marines hauptsächlich als leichtes Transport- und Aufklärungsmittel. Er war noch nicht oft im Einsatz, transportierte aber am 4. Juli 2019 Royal Marines des 42 Commando Unit, um den Öltanker Grace 1 vor Gibraltar zu entern und festzusetzen.

SIKORSKY UH-60 BLACK HAWK, PAVE HAWK, SEAHAWK, HARBIN Z-20

Geheimhaltung ist die Basis für Spezialkräfte-Operationen. So veröffentlichte das US-Militär nie Details oder Fotos der umgebauten Black-Hawk-Hubschrauber, die am Überfall auf Osama bin Ladens Lager in Pakistan beteiligt waren, einer der kühnsten und berühmtesten Spezialoperationen dieses Jahrhunderts. Mehr als ein Jahrzehnt später werden diese Informationen immer noch geheim gehalten. Die Öffentlichkeit erfuhr bestenfalls Untersuchungsergebnisse vom Foto eines Hubschrauberwracks oder Informationen Dritter. Ungeachtet dessen sicherte dieser Einsatz dem Black Hawk einen Ehrenplatz in der Militärgeschichte. Auch wenn der UH-60 eine lange und äußerst erfolgreiche Karriere mit vielen militärischen und zivilen Einsätzen hinter sich brachte: der klare Höhepunkt war sein Angriff auf Osama bin Laden – zumindest bis heute.

Sikorsky entwickelte den UH-60 Black Hawk für die US Army als Ersatz für den ruhmreichen UH-1 Iroquois. Der

Sikorsky UH-60 Black Hawk
Diese beiden Black Hawks wurden 2008 auf der Sather Air Force Base im Irak fotografiert.

Sikorsky UH-60 Black Hawk
Zu den vielen Black-Hawk-Nutzern zählen auch die Marine und das Heer Südkoreas. Diese beiden Exemplare landeten während einer dreitägigen, gemeinsamen Übung der britischen Royal Navy und der Republik Korea auf der HMS Queen Elizabeth.

SIKORSKY UH-60 BLACK HAWK

Herkunftsland	USA
Hersteller	Sikorsky
Erstflug	17. Oktober 1974
Abmessungen	Länge 19,76 m Rotordurchmesser 16,36 m Höhe 5,13 m
Startgewicht max.	9.979 kg
Antrieb	2x 1.487 kW (1.994 PS) General-Electric-T700-GE-701C/D-Wellenturbine
Höchstgeschwindigkeit	294 km/h
Reichweite	590 km
Dienstgipfelhöhe	5.800 m (19.000 ft)
Besatzung	2 Piloten, 2 Bordschützen und bis zu 11 Soldaten
Bewaffnung	2x 7,62-mm-M240-MG oder 7,62-mm-M134-Minigun oder 2x 12,7-mm-GAU-19-Gatling-Kanone, 4 Waffenstationen an den Stummelflügeln für eine Kombination von ungelenkten 70-mm-Hydra-70-Raketen in einem 7-läufigen (M260) oder 19-läufigen (M261) Pod oder bis zu 4 lasergesteuerte AGM-114-Hellfire-Luft-Boden-Raketen oder 2 wärmesuchende AIM-92-Stinger-Luft-Luft-Raketen pro Station oder 7,62-mm-, 12,7-mm-, 20-mm- oder 30-mm-M230-Maschinenkanonen-Pods

erste Prototyp (YUH-60A) flog 1974, vier Jahre später begann die Auslieferung. Als mittelschwerer Mehrzweckhubschrauber ist der Helikopter besonders erfolgreich. Etwa 4.000 Einheiten wurden bis jetzt gebaut, die Produktion dauert an (Stand 2023). Eine schwindelerregende Zahl von Varianten fliegt für Betreiber in über 30 Ländern.

Einsätze bei den Spezialkräften

Varianten des Black Hawk fliegen Spezialeinsätze für die US Army, die Air Force und – in der Seahawk-Version – die Navy. Unternehmungen der Army Special Forces werden vom 160th Special Operations Aviation Regiment (den Night Stalkers)

durchgeführt, das mehrere Varianten des Black Hawk betreibt. Die ersten Black Hawk für Spezialeinsätze, MH-60A, besaßen Zusatz-Avionik, ein nachtsichttaugliches Cockpit, FLIR, M134-Türkanonen, eingebaute Zusatztanks und einige andere Modifikationen. Sie sind seit Anfang der 1980er-Jahre im Einsatz und wurden inzwischen an Einheiten der National Guard abgegeben. In den späten 1980er-Jahren diente der MH-60L als Zwischenversion bis zur Auslieferung des MH-60K. Er verfügte über eine Luftbetankungssonde und T700-GE-701C-Triebwerke, die erste Bestellung ging 1988 ein. Das modernisierte K-Modell verfügte über ein Glascockpit, AN/APQ-174B-Geländeverfolgungsradar, farbige Wetterkartendarstellung, verbesserte Waffeneinsatzmöglichkeiten und verschiedene Selbstverteidigungssysteme. Beide Varianten wurden inzwischen auf den MH-60M-Standard aufgerüstet und erhielten das Rockwell Collins Common Avionics Architecture System (CAAS), Glascockpit und leistungsfähigere YT706-GE-700-Triebwerke.

Die 160th SOAR betreibt auch den beeindruckenden MH-60M DAP (Direct Action Penetrator). Dieser Gunship-Hubschrauber kann keine Truppen transportieren. Als Waffenträger dienen ESSS(external stores support system)- oder ETS(external tank system)-Stummelflügel für das 30-mm-Kettengeschütz M230, die 19-schüssige Hydra-70-Raketengondel, AGM-114-Hellfire-Raketen, AIM-92-Stinger-Luft-Luft-Raketen, GAU-19-Geschützgondeln und M134-Minigun-Gondeln. M134D-Miniguns fungieren als Türkanonen.

MH-60 des 160th SOAR waren bereits an zahlreichen Einsätzen beteiligt, von denen nur wenige in der Öffentlichkeit bekannt wurden. Besonders erfolgreich war die Operation Jubilee im Jahr 2012. Black Hawks des Regiments schleusten Teams der britischen SAS und des SEAL-Teams Six in die Provinz Badakhshan (Afghanistan) ein, um vier Geiseln zu befreien: einen britischen Entwicklungshelfer, einen kenianischen Mitarbeiter einer Nichtregierungsorganisation und zwei Afghanen.

Der Pave Hawk

Die USAF entwickelte für eigene Spezialeinsätze den HH-60G Pave Hawk. Er geht auf Modifikationen der USAF an einigen Standard-UH-60 in den frühen 1980er-Jahren zurück. Diese Hubschrauber besaßen eine Luftbetankungssonde, Zusatztanks in der Kabine und auf Kaliber .50 (12,7 mm) umgerüstete Maschinenkanonen XM218. Sie wurden mit der Bezeichnung Credible Hawks 1987 in Dienst gestellt. Ihre Weiterentwicklung führte zu den Varianten HH-60G und MH-60G Pave Hawk. Der MH-60 war in erster Linie für Spezialeinsätze ausgerüstet. Er ging 1991 an die Air National Guard, dient in der Variante HH-60G aber weiterhin bei der USAF. Dort wird er hauptsächlich für Combat Search and Rescue (CSAR), aber auch zur Ein- und Ausschleusung und zum Nachschub von Spezialeinheiten bei Tag und Nacht genutzt.

Sikorsky HH-60 Pave Hawk

Der Pave Hawk wird nach wie vor hauptsächlich als Such- und Rettungsmittel (Combat Search and Rescue, CSAR) eingesetzt. Dieser HH-60G war auf dem Luftwaffenstützpunkt Davis-Monthan in Arizona stationiert und gehörte zur 305th Rescue Squadron (RQS) des Air Force Reserve Command (AFRC).

OPERATION NEPTUNE SPEAR

Neptune Spear war der Codename für den wohl berühmtesten Hubschrauber-Spezialeinsatz, die Ergreifung oder Tötung von Osama bin Laden im Jahr 2011. Nachdem man sein Lager in der pakistanischen Stadt Abbottabad ausfindig gemacht hatte, führte die US Naval Special Warfare Development Group, allgemein bekannt als SEAL Team Six, die Operation unter der Federführung des Joint Special Operations Command durch. Die SEALs sollten mit zwei getarnten MH-60 Black Hawks des 160th Special Operations Regiment zu ihrem Ziel fliegen, während CH-47 Chinooks in einem verlassenen Gebiet auf etwa zwei Dritteln der Strecke von Jalalabad nach Abbottabad in Bereitschaft warteten. Um etwaige pakistanische Versuche, den Angriff zu stören, zu unterbinden, waren die Chinooks und zwei zusätzliche SEAL-Teams mit etwa 24 Marinesoldaten mit 7,62-mm-Miniguns und Kaliber-.50-Maschinengewehren bewaffnet. Weitere Verstärkung war in Chinooks kurz hinter der Grenze in Afghanistan postiert.

Sobald die Black Hawks das Gelände erreichten und der erste Hubschrauber über dem Gelände schwebte, wollten sich die SEALs abseilen. SEALs des zweiten Hubschraubers sollten die Umgebung sichern. Unglücklicherweise erfasste den ersten Hubschrauber während des Schwebefluges eine gefährliche Wirbelring-Luftströmung, die sich durch die unerwartet hohen Temperaturen und die hohe Mauer um das Gelände noch verstärkte. Der Hubschrauber prallte mit dem Heck gegen eine Wand. Der Heckrotor wurde beschädigt, und der Black Hawk rollte auf die Seite. Um ein Umkippen zu verhindern, drückte der Pilot die Nase nach unten, so dass der Black Hawk in einem Winkel von 45 Grad an der Wand lehnend zur Ruhe kam. Glücklicherweise wurde niemand ernsthaft verletzt. Die SEALs drangen zu Fuß in das Haus ein, fanden bin Laden und erschossen ihn. Da einer der Hubschrauber nicht mehr einsatzfähig war, flog ein Chinook das SEAL-Team mit bin Ladens Leiche aus. Der außer Gefecht gesetzte Black Hawk wurde mit Sprengstoff zerstört.

Zwischen Ankunft und Abflug des Teams waren nur 38 Minuten vergangen. Als das pakistanische Militär den Angriff bemerkte, alarmierte es F-16-Kampfjets. Als sie das Gelände erreichten, waren die US-Hubschrauber bereits in Sicherheit.

Wrackteile des MH-60 Stealth Black Hawk

Von dem Black Hawk war nicht mehr viel übrig, nachdem ihn die Navy SEALs in die Luft gesprengt hatten. Dieser Teil des Heckrotors war der einzige größere Rest. Er unterschied sich allerdings deutlich vom Rotor einer normalen UH-60, was zu aufgeregten Spekulationen über die an diesen Hubschraubern vorgenommenen Tarnkappenmodifikationen führte.

Sikorsky UH-60M
Jordanische und US-amerikanische Spezialeinheiten trainieren im King Abdullah Special Operations Training Centre in Amman den schnellen Absprung aus UH-60Ms der jordanischen Luftwaffe während der Militärübung Eager Lion im Jahr 2012.

Der Seahawk

Der Seahawk ist die Marineversion des UH-60 und der wichtigste mittelschwere Mehrzweckhubschrauber der US Navy. Gegenwärtig existiert eine Staffel für Spezialeinsätze, die Helicopter Sea Combat Squadron EIGHT FIVE (HSC-85) mit dem Namen Firehawks. Diese Einheit kann seit dem Vietnamkrieg auf eine lange Reihe von Spezialeinsätzen zurückblicken, sie nutzte seit den späten 1980er-Jahren diverse Seahawk-Modelle. Anfang 2003 absolvierten die Firehawks im Rahmen der Operation Iraqi Freedom 900 Kampfeinsätze, die meisten für Boden-Spezialeinheiten. Heute sind sie mit dem MH-60S Seahawk ausgerüstet, einer Variante, die im Januar 2000 ihren Erstflug machte und für den Mehrzweckeinsatz bestimmt ist. Inoffiziell wird er auch Knighthawk genannt, da er den CH-46 Sea Knight der US Navy ablöste. Zur Bewaffnung des MH-60S zählen an der Tür montierte Maschinengewehre wie die M60D, M240D oder GAU-17/A. Auf der Basis des UH-60L der Army entstand eine bewaffnete Batwing-Helikopterversion mit Hellfire-Raketen, 70-mm-Hydra-Raketen oder größeren Kanonen. Der MH-60S kann für Hellfire-Raketen mit einem am Bug montierten FLIR-Turm ausgerüstet werden und besitzt einen ALQ-144-Infrarot-Störsender.

Auch andere Nationen nutzten den UH-60 für Spezialeinsätze, vor allem Australien, das den S-70A-9 Black Hawk in Lizenz für die Royal Australian Air Force herstellen ließ und 1989 an die Army übergab. Der Black Hawk sollte bei den australischen Spezialkräften eigentlich zugunsten des MRH-90 Taipan ausgemustert werden, Probleme mit dem europäischen Nachfolger führten aber zur Neubeschaffung von bis zu 40 UH-60M. Diese Entscheidung wurde im Dezember 2021 genau an dem Tag bekannt gegeben, als die veraltete Black-Hawk-Flotte ausgemustert wurde.

Harbin Z-20

Auch China baute mehr oder weniger den Black Hawk. Nach dem US Waffenembargo von 1989 und Nachbauten des zivilen Sikorsky S-70C-2, von dem die Volksbefreiungsarmee zuvor

24 Stück erworben hatte, flogen die Chinesen 2013 erstmals eine eigene Black-Hawk-Version. Dieser Klon ging dann als Harbin Z-20 in mindestens drei Varianten in die Produktion. Eine davon scheint mit FLIR und bis zu acht KD-10-Raketen für Spezialkräfte maßgeschneidert zu sein. Es wird vermutet, dass China seit 2015 eine Stealth-Variante des Z-20 entwickelt, seit seine Fachleute Wrackteile eines modifizierten MH-60-Black-Hawk-Hubschraubers vom Angriff auf Osama bin Laden untersuchten. Produktionszahlen und Details des Z-20 sind nicht genau bekannt. Es ist aber anzunehmen, dass seine Leistungsdaten mit denen der aktuellen Black-Hawk-Varianten vergleichbar sind.

BELL 412/CH-146 GRIFFON

Der Bell-412-Hubschrauber ist eine Weiterentwicklung des Bell 212, einer gestreckten Version des legendären UH-1 Iroquois aus der Zeit des Vietnamkriegs. Der Hauptunterschied zwischen dem Bell 412 und den Vorgängermodellen des auch Huey genannten Iroquois war der neue Vierblattrotor aus Verbundwerkstoff mit kleinerem Durchmesser als dem des Zweiblattrotors. Die neueste Variante der äußerst erfolgreichen und bewährten Baureihe dient, wenig überraschend, zahlreichen zivilen und militärischen Aufgaben. Mehrere Nationen nutzen den Bell 212 für Spezialeinsätze, seine Rolle bei der Royal Canadian Air Force (als CH-146 Griffon) ist sehr umstritten.

Manche behaupten, der Griffon sei aus politischen Gründen beschafft worden und wenig einsatztauglich. Als im Jahr 2009 der fatale Absturz eines Hubschraubers in Afghanistan, bei dem Soldaten starben, durch die Medien ging, wurde die Kritik lauter, er sei viel zu leistungsschwach und ungeeignet für heiße, hoch gelegene Einsatzgebiete. Allen Unkenrufen zum Trotz ist die kanadische Version des Bell 412 weiterhin im Einsatz. Im Mai 2022 wurde ein Vertrag über die Modernisierung und Verlängerung der Einsatzdauer der 85 CH-146-Hubschrauber bis Mitte der 2030er-Jahre unterzeichnet.

Der Griffon

Italien und Kanada nutzen einheimische Versionen des Bell 412 bei ihren Spezialeinheiten. In Italien wird der Hubschrauber in Lizenz von Agusta hergestellt. Dieses Unternehmen baut schon seit vielen Jahrzehnten Bell-Lizenzmodelle. Die italienischen Helikopter tragen die Bezeichnung AB-412 Grifone und gehören zum 3° Reggimento Elicotteri per Operazioni Speciali Aldebaran der italienischen Armee. Dieses Spezialoperationen-Regiment ist auf dem Luftwaffenstützpunkt Viterbo in Latium stationiert und setzt außer dem Grifone auch CH-47F Chinook und NH90 ein. Der

BELL CH-146 GRIFFON

Herkunftsland	USA/Kanada
Hersteller	Bell Helicopter
Erstflug	1992 (Bell 412: August 1979)
Abmessungen	Länge 17,09 m Rotordurchmesser 14,02 m Höhe 4,60 m
Startgewicht max.	5.398 kg
Antrieb	1x 930 kW (1.250 PS) Pratt-&-Whitney-Canada-PT6T-3D-Wellenturbine
Höchstgeschwindigkeit	260 km/h
Reichweite	656 km
Dienstgipfelhöhe	6.100 m (20.000 ft)
Besatzung	3, bis zu 10 Soldaten
Bewaffnung	7,62-mm-C6-Maschinengewehr oder 7,62-mm-M134D-Minigun, wahlweise an einer oder beiden Türen montiert

Grifone ist in Italien seit 1989 im Dienst und nähert sich dem Ende seiner Lebensdauer. Als Ersatz ist der AgustaWestland AW-169MA vorgesehen.

Bells kanadisches Werk in Mirabel (Québec) baute 100 CH-146 Griffon für die Royal Canadian Air Force. Eine der Einheiten, die 427 Squadron, fliegt den Griffon seit 1996. Sie wurde im Jahr 2006 dem Canadian Special Operations Forces Command unterstellt und kurze Zeit später in 427 Special Operations Aviation Squadron (427 SOAS) umbenannt. Ihr Auftrag lautet, sofort abrufbare Hubschrauber für den weltweiten Einsatz kanadischer Spezialkräfte in Bereitschaft zu halten. Die 427 SOAS flog anfangs überwiegend humanitäre Inlandseinsätze, zum Beispiel beim Eissturm im Januar 1998 in Ostkanada oder bei Hurrikan Mitch im November 1998. In jüngster Zeit nahm die Staffel an der Übung Flintlock teil, dem jährlichen regionalen Manöver afrikanischer, westlicher und US-amerikanischer Anti-Terror-Kräfte in verschiedenen Ländern Westafrikas.

Auch Norwegen nutzt den Bell 412 für Spezialeinsätze. Mit der Gründung des norwegischen Kommandos für Spezialoperationen im Jahr 2014 wurden die beiden Spezialeinheiten, das Forsvarets Spesialkommando des Heeres und das Marinejegerkommandoen der Marine, zu einem Kommando vereint. Später kam als Luftwaffenkomponente die 339 Special Operations Aviation Squadron der Luftwaffe auf dem Flugplatz Rygge hinzu. Sie ist seit 1987 mit dem Bell 412SP ausgerüstet.

Bell 412

Das 45 Commando der Royal Marines aus Arbroath übt mit einem slowenischen Bell-412-Hubschrauber in den slowenischen Bergen die Evakuierung von Verletzten. Slowenien ist nur einer von über 40 Staaten, die den Bell 412 für militärische Einsätze nutzen.

CHANGHE Z-11WB KUÁNG

Der Z-11WB Kuáng (Bussard) ist eine überarbeitete Angriffs- und Aufklärungsversion des Changhe Z-11. Dieser leichte, aus dem Eurocopter AS350 Écureuil entwickelte Mehrzweckhubschrauber lässt sich mit dem OH-58 Kiowa vergleichen. Er machte 1994 seinen Erstflug und wurde 1998 bei der chinesischen Volksbefreiungsarmee in Dienst gestellt. Die Variante Z-11WB kam 2015 auf den Markt und ist unter anderem für die Bodenunterstützung von Spezialkräften, Feuerunterstützung, Gefechtsfeldaufklärung und Terrorismus-, Drogen- und Schmuggelbekämpfung konzipiert. Der Hubschrauber bietet Platz für einen Piloten und bis zu drei Soldaten. Im hinteren Cockpit lassen sich zwei umklappbare Sitze und Waffen einrüsten. Der Hubschrauber verfügt zudem über einen elektro-optischen Sensorpod am Bug. Das Z11-Cockpit wurde mit Multifunktions-Displays umgestaltet. Moderne Avionik verringert die Arbeitsbelastung des Piloten. Der Z-11WB kann türmontierte CS/LM12-7,62-mm-Miniguns oder LG3-40-mm-Granatwerfer tragen. Pylone auf beiden Rumpfseiten ermöglichen die Aufnahme von TL-2-, AG-300- und CM-502-kg-Luft-Boden-Raketen, BA-7- und HJ-8-Panzerabwehrlenkraketen oder TY-90-Luft-Luft-Raketen. Weitere mögliche Waffen sind gelenkte FT-9- und YZ-212D-Bomben sowie ungelenkte Raketenkapseln. Der Z-11WB ist für die Aufnahme der luftgestützten Aufklärungs- und Jamming-Drohne SW-6 vorbereitet.

Changhe Z-11
Die Angriffs- und Aufklärungsvariante dieses leichten Hubschraubers, der Z-11WB, wurde 2016 erstmals der Öffentlichkeit vorgestellt.

BOEING AH-64 APACHE

Der am weitesten verbreitete Kampfhubschrauber des Westens fliegt nur selten gezielte Spezialkräfte-Einsätze und wird nicht von fest zugewiesenen Einheiten genutzt. Er dient jedoch als Begleitschutz für verschiedene Transporthubschrauber, was den Löwenanteil seiner Einsätze ausmacht. Mindestens einmal half der Apache auch bei einem nahezu aussichtslosen Rettungsversuch in Afghanistan als improvisiertes Transportmittel für Spezialeinheiten.

Der AH-64 wurde von Hughes Helicopters entwickelt und machte 1975 seinen Erstflug. Er setzte sich gegen ein Kampfhubschrauber-Konkurrenzmodell von Bell durch und gewann die Ausschreibung der US Army für das Zukunftsprojekt Angriffshubschrauber. 1986 in Dienst gestellt, kam der Apache erstmals bei der Operation Just Cause (der US-Invasion in Panama im Jahr 1989) zum Einsatz und diente seither in jedem größeren US-Konflikt.

Der AH-64 hat ein M230-30-mm-Kettengeschütz und kann eine Vielzahl von Waffen tragen, darunter die Panzerabwehrrakete AGM 114 Hellfire, die Luft-Luft-Rakete Stinger (ATAS), AGM-65-Maverick- und -Spike-Raketen sowie ungelenkte Raketen. Der Apache war auch auf dem Exportmarkt

erfolgreich: Mehr als 15 Länder beschafften diesen Typ, Fuji Heavy Industries in Japan und AgustaWestland im Vereinigten Königreich produzieren ihn in Lizenz.

Ein britisches Exemplar diente im Januar 2007 als Truppentransporter bei einem Spezialkräfte-Einsatz in Afghanistan. Nach mehreren Stunden intensiver Kämpfe gegen Taliban-Kräfte gruppierten sich Royal Marines des 45 Commando neu und stellten fest, dass Lance Corporal Mathew Ford fehlte. Umgehend wurde eine Rettungsmission mit vier Freiwilligen gestartet: drei Royal Marines und ein Royal Engineer. Sie schnallten sich auf den Stummelflügeln von zwei Apaches fest. Die Hubschrauber durften nicht schneller als 80 km/h fliegen, um die Rettungsgruppe möglichst nicht durch den Rotorabwind zu gefährden. Als die Retter mitten im Lager unter Beschuss landeten und abstiegen, fanden sie Lance Corporal Ford bereits tot vor. Sein Leichnam wurde auf demselben Weg ausgeflogen, auf dem die Soldaten gekommen waren, ein dritter Apache-Hubschrauber bot ihnen während der gesamten Aktion Feuerschutz. Keiner der beteiligten Soldaten wurde bei dem Einsatz verletzt, und die Retter erhielten später viel Beifall für ihre Tapferkeit.

AGUSTAWESTLAND AW101

Der AW101 entstand als Ersatz des Sea King-Hubschraubers bei EH Helicopters, einer extra für diesen Zweck gegründeten Tochtergesellschaft von Agusta (Italien) und Westland (Großbritannien).

Der EH101 machte 1987 seinen Erstflug, und nach rund zehn Jahren Entwicklungszeit wurde 1997 die erste Serienmaschine in Dienst gestellt. Der Hubschrauber ist eine konventionelle Konstruktion mit hohem Verbundwerkstoff-Anteil. Er verfügt über ein aktives System zur Reduzierung der Vibrationen um etwa 80 Prozent. Dies erhöht den Komfort und verringert die Strukturbelastung.

Nach seiner Einführung wurde der EH101 (seit der Fusion von Agusta und Westland: AW101) von den britischen Streitkräften im Irak und in Afghanistan eingesetzt, wo auch italienische und dänische Hubschrauber zum Einsatz kamen. Der AW101 hat in der Regel eine Dreier-Besatzung aus Pilot, Beobachter und Lademeister/Waffenbediener. Dank des hoch entwickelten Autopiloten kann der Pilot den größten Teil des Einsatzes im Hands-Off-Modus fliegen. Alle Besatzungsmitglieder haben Zugriff auf Management-Computer und taktische Informationen. Der AW101 kann bis zu 24 sitzende

Boeing AH-64 Apache

Der Apache wurde während des Kalten Krieges gegen sowjetische Panzer in einem konventionellen Krieg entwickelt. Er kam jedoch vor allem bei der Bekämpfung von Aufständen zum Einsatz. In dieser nicht vorgesehenen Rolle erwies er sich als äußerst kampfstark.

oder 45 stehende Kampftruppen und deren Ausrüstung oder ein medizinisches Team und 16 Krankentragen befördern. Die Ladeluke ist für 3.050 Kilogramm Last ausgelegt, Fahrzeuge wie Land Rover können direkt in den Frachtraum fahren. Ein Haken unter dem Rumpf trägt bis zu 5.440 Kilogramm Last. An der seitlichen Frachttür sind eine Rettungswinde und ein Schwebetrimmregler angebracht.

Einsatz bei Spezialeinheiten

Großbritannien und Italien setzen den AW101 bei ihren Spezialeinheiten ein. Italien optimierte den AW101 CSAR für solche Einsätze als HH-101A Caesar. Die Hubschrauber fliegen bei der 17° Stormo Incursori der 1ª Brigata aerea operazioni speciali in Grazzanise. Ihre Sonderausrüstung umfasst ein drahtloses Intercom-System, ein medizinisches Behandlungs-

modul, eine doppelte Rettungswinde, eine Seewasser-Auffangwanne, ein Steuergerät, eine Schnell-/Einzelabseilvorrichtung (fast-roping/rappelling) und Gestelle für Tragen.

Der HH-101A Caesar ist mit drei M134-7,62-mm-Gatling-Maschinengewehren auf der Heckrampe und je einem an den Rumpfseiten bewaffnet. Zum Selbstschutz gegen Radar-, Laser- und Infrarotbedrohung dient ein integriertes System der Elektronischen Kriegsführung, das auch den MG-Schützen und lebenswichtige Systeme gegen ballistische Waffen absichert. Die Cockpitsitze sind gepanzert. Die übrige Zusatzausstattung umfasst Infrarot-Gegenmaßnahmen für große Luftfahrzeuge (large aircraft infrared countermeasures LAIRCM), direct-attached-storage-Speicher (DAS) und gerichtete Infrarot-Gegenmaßnahmen (DIRCM).

Im Vereinigten Königreich trägt der AW101 den Namen Merlin und wird derzeit ausschließlich von der Royal Navy an Land und auf den beiden Flugzeugträgern eingesetzt. Die Naval Air Squadrons 845 und 846 fliegen den Merlin HC4 als Nachfolger für den ausgemusterten Hubschrauber Sea King HC4 der Commando Helicopter Force. Die Sea Kings waren durch ihre Pionierrolle in Borneo in den 1960er-Jahren als Junglies bekannt. Hauptaufgabe der Staffeln ist die Hubschrauber-Unterstützung der 3 Commando Brigade der Royal Marines und anderer britischer Truppenteile sowohl an Land als auch auf See. Britische Merlins sind gegen den Beschuss durch Handfeuerwaffen gepanzert.

AgustaWestland AW101 Merlin
Ein britischer Merlin-Mk4-Commando-Hubschrauber landet 2022 in Bardufoss (Norwegen). Das Joint Helicopter Command (JHC) verlegt Einheiten zu Trainingszwecken nach Norwegen, um die Spezialfähigkeiten seiner Kräfte an der Seite der Kommandotruppe zu erhalten. Das Vereinigte Königreich führt seit über 50 Jahren Kaltwetter-Übungslager in Norwegen durch.

AGUSTAWESTLAND AW101 MERLIN HM1

Herkunftsland	Großbritannien/Italien
Hersteller	AgustaWestland
Erstflug	2. Oktober 1987
Abmessungen	Länge 19,95 m Rotordurchmesser 18,59 m Höhe 6,65 m
Startgewicht max.	14.600 kg
Antrieb	3x 1.566 kW (2.100 PS) Rolls-Royce-Turbomeca-RTM322-01-Wellenturbine
Höchstgeschwindigkeit	278 km/h
Reichweite	1.389 km
Dienstgipfelhöhe	4.575 m (15.010 ft)
Besatzung	3 oder 4, bis zu 45 Soldaten (stehend) oder 30 sitzend oder 16 Tragen
Bewaffnung	bis zu 5 Lafetten für 7,92-mm-L7A2-Maschinengewehre an den Fenstern und der Hecktür, Befestigungspunkte für 4 Stingray-Zielsuch-Torpedos oder Mk-11-Wasserbomben

AIRBUS HELICOPTERS HC145

Der HC145 ist eine sehr erfolgreiche Hybridlösung. Sie nutzt die bewährte Hecksektion des BK 117, der in den 1970er-Jahren von MBB und Kawasaki als größerer Nachfolger des MBB Bo 105 entwickelt wurde, und das Cockpit des erfolgreichen Eurocopter EC135. Der neue Hubschrauber besteht Berichten zufolge zu zehn Prozent aus neu entwickelten Komponenten. Er machte im Jahr 1999 unter der Bezeichnung Eurocopter EC145 seinen Erstflug. Seit der Umbenennung von Eurocopter in Airbus Helicopters heißt er HC145. Der Hubschrauber ging zunächst an zivile Behörden. Im April 2002 übernahmen ihn auch die französische Sécurité Civile und Gendarmerie. Im selben Monat stellte auch die deutsche Bundespolizei ihre ersten Exemplare in Dienst. Der Hubschrauber wurde von Anfang an gleichzeitig von Eurocopter in Europa und Kawasaki in Japan produziert und hat sich bei zivilen Nutzern einen hervorragenden Ruf erworben.

AIRBUS HELICOPTERS HC145M

Herkunftsland	Deutschland, Frankreich
Hersteller	Airbus Helicopters (vormals Eurocopter)
Erstflug	12. Juni 1999
Abmessungen	Länge 12,93 m Rotordurchmesser 10,80 m Höhe 3,55 m
Startgewicht max.	3.800 kg
Antrieb	2x 575 kW (771 PS) Safran-Arriel-2E-Wellenturbine
Höchstgeschwindigkeit	250 km/h
Reichweite	662 km
Dienstgipfelhöhe	2.700 m (8.858 ft)
Besatzung	2, 6 Soldaten
Bewaffnung	einziehbare, bolzenmontierte 7,62-mm-FN-MAG-Maschinengewehre oder M134-Miniguns, Waffenstationen für 12,7-mm- und 20-mm-Kanonenpods, gelenkte und ungelenkte 70-mm-Raketen

Der Lakota

Der Verkauf des EC145 nahm mächtig Aufschwung, als er 2006 die LUH(Light Utility Helicopter)-Ausschreibung der US Army zur Unterstützung von Heimatschutz, Verwaltung, Logistik, medizinischer Evakuierung (Medevac) und der Test- und Ausbildungszentren der Army gewann. Er bekam die US- Bezeichnung UH-72 und den offiziellen Namen Lakota. Seit seiner Indienststellung bei den US-Streitkräften 2007 lieferte Airbus Helicopters in Columbus (Mississippi) fast 900 Exemplare aus, je etwa zur Hälfte an die Army und an die Navy. Schon bald nach ihrer Indienststellung machten UH-72 im Rahmen der Operation Phalanx Patrouillenflüge entlang der Grenze zu Mexiko. Lakotas sollen seit 2010 rund 64.000 illegale Grenzübertritte verhindert haben.

In Europa ging der EC145 an die Streitkräfte von Albanien, Frankreich, Großbritannien, Luxemburg, Serbien und Ungarn. Auch Deutschland wählte den Hubschrauber zur Ablösung des MBB Bo 105 und des Bell UH-1 für die fliegende Komponente des Kommandos Spezialkräfte aus. 15 Stück des H145M LUH SOF (Light Utility Helicopter Special Operations Forces) sind bei der 4. Staffel des Hubschraubergeschwaders 64 auf dem Fliegerhorst Laupheim stationiert. H145M des KSK dienen zu Aufklärungsmissionen, Offensivoperationen wie Geiselbefreiung, der Ergreifung von Kriegsverbrechern oder Terroristen und zur militärischen Unterstützung in Gastländern. Sie besitzen ein neues Kommunikationssystem und ein Schutzsystem gegen Bodenfeuer. Das MILDS-Selbstschutzsystem nutzt das AN/AAR-60-Raketenabschuss-Erkennungssystem und vier auf den Landekufen montierte Flare-Werfer. Bei Bedarf können ein Wescam-MX-15-EO-Turm mit Nachtsichtgerät und zur Feuerunterstützung eine optionale 7,62-mm-M134-Gatlingkanone eingerüstet werden. Jeder EC145M LUH SOF kann in der Kabine neun voll ausgerüstete Soldaten befördern. Die KSK-Kräfte trainieren mit ihren EC145M regelmäßig Landungen auf schmalen Plätzen zwischen Häusern oder auf Gebäudedächern, das Einzel-Abseilen (Rappelling) und den schnellen Absprung an einem Seil (Fast Roping).

EUROCOPTER EC665 TIGRE

Die französischen Streitkräfte besitzen etwas Besonderes: einen speziellen Gunship-Kampfhubschrauber bei der 6e Escadrille des Opérations Spéciales (Spezialeinsatzstaffel) des 4e Régiment d'Hélicoptères des Forces Spéciales im südfranzösischen Pau. DASA (Deutschland) und Aérospatiale (Frankreich) entwickelten den EC665 Tiger/Tigre im Kalten Krieg als Panzerabwehrhubschrauber zur Bekämpfung sowjetischer Kettenfahrzeuge. Noch während der Entwicklung brach die Sowjetunion zusammen, und der Hubschrauber wurde als Mehrzweck-Angriffsmittel neu konzipiert. Im Jahr 2005 stellten Frankreich und Deutschland den Helikopter in Dienst. Er wurde später auch nach Australien und Spanien exportiert.

Airbus H145M
Soldaten des deutschen Kommando Spezialkräfte (KSK) an Bord eines Airbus H145M.

Eurocopter EC665 Tiger/Tigre
Die Franzosen betreiben als einziges Land eine Kampfhubschrauber-Einheit in ihrem Kommando für Spezialeinsätze (Commandement des Opérations Spéciales COS). Die Tigre-Helikopter dienten auch in Afghanistan.

Der in Frankreich und Spanien als Tigre, in Australien und Deutschland als Tiger bekannte Hubschrauber kam bei den französischen Spezialkräften als Tigre HAP (Unterstützungs- und Begleithubschrauber, Hélicoptère d'Appui Protection) zum Einsatz. Französische Tigre leisten nicht nur Luftnahunterstützung und bewaffnete Aufklärung, sie fliegen auch Begleitschutz für Pumas, Cougars und Caracals des Regiments. Französische, deutsche und spanische EC665 dienten in Afghanistan, 2013 waren französische Hubschrauber Teilnehmer der französischen Militärintervention im Norden Malis. 2015 beschloss Frankreich, seine Tigre-Flotte auf den HAD-Standard (Unterstützungs- und Zerstörungshubschrauber, Hélicoptère d'Appui Destruction) aufzurüsten. Seine MTR390-Triebwerke liefern 14 Prozent mehr Leistung für Einsätze bei hohen Außentemperaturen, die maximale Abflugmasse erhöhte sich auf 6.600 Kilogramm. Die Kommunikationsausstattung umfasst jetzt Uplink- und Downlink-Satellitenantennen und einen besseren Schutz gegen ballistische Waffen. Der HAD lässt sich mit Hellfire-II- und Spike-ER-Panzerabwehrraketen ausrüsten. Er kann in der Angriffs-, Begleitschutz- und Bodenfeuerunterstützungsrolle oder für bewaffnete Aufklärung und Luft-Luft-Kampfeinsätze verwendet werden.

EUROCOPTER EC665 TIGER/TIGRE

Herkunftsland	Frankreich/Deutschland
Hersteller	Airbus Helicopters
Erstflug	27. April 1991
Abmessungen	Länge 14,08 m Rotordurchmesser 13,00 m Höhe 3,83 m
Startgewicht max.	6.000 kg
Antrieb	2x 972 kW (1.303 PS) MTR390-Wellenturbine
Höchstgeschwindigkeit	290 km/h
Reichweite	800 km
Dienstgipfelhöhe	4.000 m (13.000 ft)
Besatzung	2
Bewaffnung	1x 30-mm-GIAT-30-Kanone im Kinnturm Weitere Bewaffnung, je nach Betreiber: 2x 20-mm-Autocannon-Pod oder 68-mm-ungelenkte-SNEB-Rakete im 22fach-Werfer

AGUSTAWESTLAND AW139

Der AW139 ist ein erfolgreicher, mittelgroßer Zivilhubschrauber. Er machte im Jahr 2001 seinen Erstflug, wurde 2003 in Dienst gestellt und verkaufte sich seither über 1.100 Mal. Neben einer großen Zahl von zivilen Betreibern nutzen ihn auch verschiedene Luftstreitkräfte als SAR- und Verbindungshelikopter. Das AW139-Programm nahm Fahrt auf, als die US Air Force den Hubschrauber als Nachfolger für den ehrwürdigen UH-1N Twin Huey bestimmte, der zum Schutz von Interkontinentalraketenbasen diente. Ein erster Auftrag über 84 MH-139-Grey-Wolf-Hubschrauber erging im Jahr 2018, der erste wurde im Dezember 2019 ausgeliefert.

Der erste militärische Betreiber des AW139 war jedoch Irland. Das An tAerchór (Air Corps) verfügt über sechs dieser Hubschrauber, die bei der Sciathán Fianóglach an Airm (SFA) dienen. Diese Army Ranger Wing, eine Spezialeinheit der irischen Verteidigungskräfte, kommt im Kriegsfall und bei der Terrorismusbekämpfung zum Einsatz. Im Mai 2011 schützte die Einheit Königin Elisabeth II. bei ihrem Staatsbesuch in Irland vor Attentatsversuchen republikanischer

AGUSTAWESTLAND AW139

Herkunftsland	Italien
Hersteller	Leonardo
Erstflug	3. Februar 2001
Abmessungen	Länge 16,65 m Rotordurchmesser 13,80 m Höhe 4,94 m
Startgewicht max.	6.400 kg
Antrieb	2x 1.252 kW (1.700 PS) Pratt-&-Whitney-Canada-PT6C-67C-Wellenturbine
Höchstgeschwindigkeit	310 km/h
Reichweite	1.061 km
Dienstgipfelhöhe	5.931 m (19.458 ft)
Besatzung	2, 15 Passagiere
Bewaffnung	–

AgustaWestland AW139

Survival-Spezialisten der USAF beobachten im Oktober 2019 den Start eines AW139-Hubschraubers der Qatar Emiri Air Force auf einem Übungsgelände in der Nähe des Luftwaffenstützpunkts Al Udeid. Der AW139 hat sich bei den Streitkräften von über 25 Nationen bewährt.

Terroristen, die als realisierbar eingeschätzt worden waren. Damals hatte die Army Ranger Wing neben den Einsatzkräften am Boden und in der Fahrzeugkolonne auch Scharfschützenteams in drei AW139 platziert, die den königlichen Besuch absicherten.

NHINDUSTRIES NH90

Der NH90 ist ein mittelschwerer NATO-Mehrzweckhubschrauber für Land- und Seeeinsätze und ein Gemeinschaftsprojekt von Airbus Helicopters, Leonardo und Fokker Aerostructures. Er machte 1995 seinen Erstflug und wurde 2006 vom Erstkunden, der deutschen Bundeswehr, in Dienst gestellt. Es gibt zwei Basisvarianten mit etwa 75 Prozent Gemeinsamkeiten: den Tactical Transport Helicopter (TTH) für Landeinsätze und den für maritime Aufgaben entwickelten NATO Frigate Helicopter (NFH). Trotz erfolgreicher Exporte und beträchtlicher Stückzahlen führten technische Pannen zu Verzögerungen und Stornierungen. Norwegen musterte deswegen seine NH90 im Juni 2022 aus, während andere Länder keine Probleme mit ihren Hubschraubern hatten.

Deutschland unterstellte den NH90 im Jahr 2010 dem Hubschraubergeschwader 64 (HSG 64), der Unterstützungseinheit für Spezialeinsätze, doch die Hubschrauber wurden bereits 2013 wieder abgezogen. Die Variante NH90 Sea Lion der deutschen Marine wird den Westland Lynx ersetzen. Der Helikopter soll für SAR, vertikale Nachschubversorgung (vertical replenishment, Vertrep) von Schiffen in See und Sondereinsätze genutzt werden.

Französischer Caiman

In Frankreich trägt der NH90 den Namen Caiman und ist seit 2010 bei der Marine vor allem für SAR und Terrorismusbekämpfung im Einsatz. Die französische Armee, Australien und Belgien verfolgten die Entwicklung eines NH90 für Spezialeinheiten. Er verfügt über ein elektro-optisches System (EOS) EuroFLIR 410 von Safran, 500-kg-Außentanks und eine digitale 3D-Kartendarstellung. In der Kabine stehen eine zentrale Abseil- und Aufnahmevorrichtung (CRED) und Waffenhalterungen für Kaliber-.50-M3M-Maschinengewehre zur Verfügung. An der Heckrampe befinden sich abnehmbare Flügeltüren und ein Fast-Roping-Ausleger. Verschiedene

NHINDUSTRIES NH90

Herkunftsland	Italien, Frankreich, Deutschland
Hersteller	NHIndustries
Erstflug	18. Dezember 1995
Abmessungen	Länge 19,56 m Rotordurchmesser 16,30 m Höhe 16,09 m
Startgewicht max.	10.600 kg
Antrieb	2x 1.802 kW (2.417 PS) Rolls-Royce-Turbomeca-RTM322-1/9-Wellenturbine
Höchstgeschwindigkeit	300 km/h
Reichweite	800 km
Dienstgipfelhöhe	6.000 m (20.000 ft)
Besatzung	3, bis zu 20 Soldaten oder 12 Krankentragen
Bewaffnung	2x schnellverschlussmontierte 7,62-mm-M134D-Minigun oder 7,62-mm-MAG-58-Maschinengewehr an den Seitentüren

NHIndustries NH90
Mitglieder der irisch geführten Long Range Reconnaissance Group (LRRG) proben im Rahmen der laufenden Mission der Vereinten Nationen in Mali mit deutschem Personal und einem NH90-Hubschrauber die Bergung von Verletzten.

Verbesserungen ermöglichen es, die Tür während des Fluges zu nutzen. Die ersten fünf Caimans der französischen Spezialkräfte sollen 2025 ausgeliefert und vom 4e Régiment d'Hélicoptères des Forces Spéciales (4. Hubschrauberregiment der Spezialkräfte) eingesetzt werden.

Einsatz in Australien

Australien machte mit dem NH90 nicht die besten Erfahrungen. Er wurde als Ersatz für die Hubschraubertypen UH-1, UH-60 und Sea King beschafft und als MRH-90 Taipan bezeichnet. MRH steht für Multi Role Helicopter. Eine Reihe von Beschaffungsproblemen und Entwicklungsmängel verzögerten die volle Einsatzfähigkeit (final operating capability, FOC) um fast fünf Jahre, bis zum April 2019. Neun Jahre nach Vertragsunterzeichnung hatte der 2007 erstmals ausgelieferte Hubschrauber keines seiner elf Einsatzfähigkeitsziele erreicht. Die nötigen Umbauten umfassten unter anderem verstärkte Kabinenböden und Windschutzscheiben, Abseilhaken und Türschützenpositionen.

Die Ersatzteilbeschaffung und Instandhaltung der Hubschrauber waren kostspieliger als erwartet. Die australische Armee sah sich gezwungen, ihre alternden S-70A Black Hawk deutlich länger als geplant zu betreiben. Ungeachtet dessen verfolgte Australien die Entwicklung einer MRH-90-Variante für Spezialeinsätze mit Abseilvorrichtung (fast-roping and rappelling extraction system, FRRES) und einer Geschützhalterung für die Kabinentür. Sie dient derzeit beim 6th Aviation Regiment, der fliegenden Komponente des Australian Army Special Operations Command (SOCOMD). Nach einem tödlichen Unfall vom 28. Juli 2023 beschloss die australische Regierung, den Taipan sofort aus dem Verkehr zu ziehen und durch den UH-60M Black Hawk zu ersetzen.

Einsatz in Neuseeland

Die No. 3 Squadron der Royal New Zealand Air Force (RNZAF) machte mit dem NH90 sehr gute Erfahrungen. Neuseeland beschaffte den Hubschrauber, weil sich auch Australien für ihn entschieden hatte und man sich Synergieeffekte bei Herstellung und Logistik erhoffte. Die NH90 der No. 3 Squadron erfüllen sehr vielfältige Aufgaben für öffentliche Stellen, darunter Such- und Rettungseinsätze, Polizeieinsätze, Katastrophenhilfe, Terrorismusbekämpfung, Verletzten-Evakuierung und Einsätze von Spezialkräften. Im November 2021 erzielte der Hubschrauber NZ3302 als erster NH90 2.000 Flugstunden, obwohl Australien seine Helikopter erst Jahre nach anderen Nationen erhalten hatte. Nach Angaben der RNZAF absolvieren die neuseeländischen NH90 wegen ihrer hohen Gebrauchstauglichkeit mehr Flugstunden als die Hubschrauber anderer Betreiber.

Auch die italienische 263. Taktische Hubschrauber-Transportstaffel des 3. Spezialkräfte-Hubschrauberregiments (Reggimento Elicotteri per Operazioni Speciali 3) Aldebaran betreibt den NH90 unter der Bezeichnung UH-90. Das griechische Heer beschaffte vier NH90 für seine Spezialkräfte.

BELL BOEING CV-22 OSPREY

Das erste serienmäßige Kipprotor-Flugzeug der Welt, die Osprey, hatte eine sehr lange Entwicklungsdauer. Die ersten Jahre waren von schweren Unfällen und Kinderkrankheiten überschattet. Inzwischen reifte die Osprey aber zu einem zweifellos leistungsfähigen und zuverlässigen taktischen Transportmittel heran, das die Lücke zwischen STOL-Transportflugzeugen wie der C-27 Spartan und großen Hubschraubern wie der CH-53 schließt. Die einzigartige Kombination aus hoher Geschwindigkeit, großer Reichweite und vertikaler Start- und Landefähigkeit ist für Spezialkräfte sehr attraktiv. Es dürfte daher kaum überraschen, dass die Osprey ihre Existenz genau genommen der Forderung nach einem echten Spezialeinsatz-Luftfahrzeug verdankt, die nach den gescheiterten Rettungsversuchen während der Geiselkrise im Iran 1980 aufkam. Seinerzeit war man zu der Überzeugung gelangt, dass das Flugzeug in der Lage sein musste, vertikal zu starten und zu landen und mit hoher Geschwindigkeit Kampftruppen zu befördern.

Die Entwicklung begann Anfang der 1980er-Jahre. US Army, Navy, Marine Corps und Air Force arbeiteten gemeinsam an einem Luftfahrzeug, das all diese Anforderungen erfüllen sollte. Es erhielt die Bezeichnung Joint-service Vertical take-off/landing Experimental (JVX). Bell und Boeing agierten als Partnerfirmen. Das erste Exemplar der V-22 machte im März 1989 den Jungfernflug als Hubschrauber und im September erfolgte die Erprobung als Flächenflugzeug. Wie bei einem so revolutionären Gerät zu erwarten war, benötigte man eine lange Entwicklungszeit, und die ersten Serienmaschinen wurden daher erst ab 1999 ausgeliefert.

MV-22-Variante

Im Jahr 2000 ereigneten sich zwei tödliche Unfälle, bei denen 23 Marines starben. Der Absturz und massive Budget-Überschreitungen – bis 2008 hatte die Entwicklung 27 Milliarden US-Dollar verschlungen, weitere 27,2 Milliarden US-Dollar sollten für die Produktion zurückgestellt werden – ließen das Osprey-Programm fast scheitern. Im Jahr 2007 bezeichnete das Time Magazine das Flugzeug als unsicher, überteuert und unzulänglich. Auch wenn sich die Osprey zwischenzeitlich im Einsatz bewährte, ist und bleibt sie ein teures und komplexes Flugzeug. Der erste Betreiber, das US Marine Corps (USMC), nutzte die Osprey als Ersatz für seine alternden CH-46-Hubschrauber, deren letzter 2014 ausgemustert wurde. Die Osprey-Variante des USMC heißt MV-22. Sie dient als Einsatztransporter für Truppen, Ausrüstung und Nachschub und kann dank ihrer Senkrechtstart- und -landefähigkeit von Schiffen oder Behelfsflugplätzen an Land operieren.

Die MV-22 wurde im November 2009 nach Afghanistan entsandt. Im Dezember erfolgte ihr erster Kampfeinsatz bei der Operation Cobra's Anger. Dabei brachten MV-22 und CH-53E-Super-Stallion-Hubschrauber rund 300 Marines in das strategisch wichtige Now-Zad-Tal, um die Versorgungs- und Kommunikationslinien der Taliban zu unterbrechen. MV-22 evakuierten in Afghanistan auch Verwundete, da sie schneller als mit Hubschraubern zu medizinischen Stationen gebracht werden konnten und sich ihre Überlebenschancen stark erhöhten. Wegen dieser Erfahrungen blieben die MV-22 der Squadron VMM-261 über den geplanten Abzug im Jahr 2013 hinaus in Afghanistan.

Die Einführung der Osprey führte originellerweise zur Entwicklung eines taktischen Fahrzeugs. Das Internally Transportable Light Strike Vehicle (ITV-LSV) M1161 Growler passt genau in den Laderaum der Osprey. Das Fahrzeug stellte seine Nutzer allerdings nicht ganz zufrieden. Die Marines suchen daher nach einem Ersatz, und auch das SOCOM entwickelt ein eigenes neues Fahrzeug für die Osprey.

Einsatz als CV-22

Anders als im USMC dient die Osprey bei der US Air Force (USAF) ausschließlich zu Spezialeinsätzen. Der erste Hub-

Bell Boeing CV-22 Osprey

Die hier im Hubschraubermodus gezeigte Osprey kann wie ein normaler Helikopter vertikal fliegen. Die komplette Motor- und Rotoreinheit kippt um 90 Grad nach vorne, um das Flugzeug im Flächenflugzeug-Modus anzutreiben – mit Geschwindigkeiten, die für einen normalen Hubschrauber unerreichbar sind.

schrauber der USAF mit der Bezeichnung CV-22 wurde im März 2006 an die 58th Special Operations Wing ausgeliefert. Er ist für Langstrecken-Sondereinsätze gebaut und hat zwei zusätzliche Flügeltanks mit zusammen 2.230 Litern. Drei weitere Zusatztanks mit je 757 oder 1.627 Litern können in der Kabine angebracht werden. Zur weiteren Ausstattung gehören AN/APQ-186-Geländeverfolgungsradar, AN/ALQ-211 und AN/AAQ-24 Nemesis Directional Infrared Counter Measures (DIRMC).

Der CV-22 löste bei der USAF den MH-53 Pave Low ab. Im November 2008 flogen vier CV-22 bei ihrem ersten Einsatz für Flintlock, die jährliche Spezialeinsatz-Vorzeigeübung des AFRICOM, nach Mali. Im Dezember 2013 wurden drei CV-22 bei dem Versuch, US-Zivilisten während der politischen Krise im Südsudan in Bor zu evakuieren, mit Handfeuerwaffen angegriffen. Sie wurden insgesamt 119 Mal getroffen, vier Besatzungsmitglieder wurden verletzt. Die Einschläge verursachten Ausfälle in der Steuerung sowie Hydraulik- und Treibstofflecks an allen drei Flugzeugen, so dass auf dem etwa 800 Kilometer weiten Flug nach Entebbe (Uganda) mehrere Luftbetankungen erforderlich waren. Nach dem Zwischenfall entwickelte das AFSOC optionale Bodenpanzerplatten zum Schutz vor kleinkalibrigem Bodenfeuer.

BELL-BOEING CV-22 OSPREY

Herkunftsland	USA
Hersteller	Bell Helicopter, Boeing
Erstflug	19. März 1989
Abmessungen	Länge 17,48 m Rotordurchmesser 12,00 m Höhe 6,73 m mit senkrechten Triebwerken, Spannweite: 13,97 m
Startgewicht max.	21.546 kg
Antrieb	2x 4.590 kW (6.150 PS) Rolls-Royce-T406-AD-400-Wellenturbine
Höchstgeschwindigkeit	565 km/h
Reichweite	720 km
Dienstgipfelhöhe	7.600 m (25.000 ft)
Besatzung	3-4, 24 sitzende oder 32 stehende Soldaten
Bewaffnung	optional 1x 7,62-mm-M240-Maschinengewehr oder 1x 12,7-mm-M2-Browning-Maschinengewehr auf der Rampe, eine optional einziehbare, unter dem Rumpf montierte videoferngesteuerte 7,62-mm-GAU-17-Minigun

Bell Boeing MV-22 Osprey
Hauptbetreiber der Osprey ist bislang das US Marine Corps. Diese Marines der Special-Purpose Marine Air-Ground Task Force Africa führten vor ihrem Einsatz in Übersee eine Feldübung mit einer MV-22 Osprey durch.

UNBEMANNTE FLUGZEUGE

(UNMANNED AERIAL VEHICLES, UAV)

Kaum jemand bezweifelt, dass unbemannten Flugzeugen die Zukunft gehört. Die große Anzahl heute weltweit eingesetzter Drohnen hat Kriege und Spezialoperationen bereits drastisch verändert. Schon die Drohnen selbst sind vielfältiger als bemannte Flugzeuge. Manche wie die MQ-9 haben Flugzeug-Größe und ähnliche Funktionen, Fähigkeiten und natürlich auch Schwachstellen. Andere wie zum Beispiel die Nano sind so klein, dass sie in eine Handfläche passen und dennoch bislang ungeahnte Beobachtungs- und Überwachungsaufgaben inmitten des Kampfgebiets übernehmen. Solche UAVs gehören auch zu den ersten Luftfahrzeugen, die regelmäßig in Innenräumen im Einsatz sind. Die fortschreitende Miniaturisierung aller Technologien und ihre Unabhängigkeit von den Bedürfnissen menschlicher Insassen lassen erwarten, dass es künftig noch kleinere Drohnen geben wird. Ebenso möglich ist, dass sie bereits existieren und geheim gehalten werden.

AAI RQ-7 SHADOW

Die Shadow ist ein kleines, von sechs Nationen betriebenes UAV. Hauptnutzer sind die USA. Die RQ-7 wurde für die taktische Gefechtsfeldunterstützung entwickelt, machte 1991 ihren Erstflug und wurde 1999 als taktisches unbemanntes Luftfahrzeugsystem der US Army ausgewählt. Die Drohne liefert Echtzeit-Videos über kardanisch aufgehängte, digital stabilisierte und mit flüssigem Stickstoff gekühlte elektrooptische/infrarot(EO/IR) Kameras. Die RQ-7 wird mitsamt ihrer Start-, Kontroll- und Bergungsausrüstung im eigenen Anhänger vom allgegenwärtigen Humvee gezogen. Für den

AeroVironment RQ-7B Raven

Aktuelle UAVs revolutionieren die Kriegsführung. Früher benötigte man für die Luftaufklärung mit bemannten Flugzeugen hochqualifiziertes Personal, logistische Infrastruktur und Bodeneinrichtungen. Jetzt genügt ein einziges Fahrzeug zum Einsatz eines Aufklärungsmittels, das buchstäblich per Hand in die Luft geworfen werden kann.

Betrieb eines Shadow-Systems vor Ort werden 22 Soldaten benötigt. Die RQ-7-Bodenkontrollstation überträgt Bild- und Telemetriedaten an das Joint Surveillance and Target Attack Radar System, das All Sources Analysis System und das Advanced Field Artillery Tactical Data System. Sie liefert außerdem Zieldaten für Präzisionswaffen. Ein komplettes System (Shadow Tactical Unmanned Aircraft System, TUAS) mit Dauereinsatzausrüstung inklusive des Personals, der Ersatzteile und Unterstützungssysteme kann von drei C-130-Hercules-Flugzeugen verlegt werden. Für Kurzzeiteinsätze genügt eine einzige C-130.

Eine aktualisierte RQ-7B mit längerer Stehzeit, aerodynamischen und triebwerksseitigen Verbesserungen und System-Upgrades kam 2004 auf den Markt und wird immer noch produziert. Bis heute wurden mehr als 500 Exemplare der Shadow gebaut. Das System wurde im Irak und in Afghanistan eingesetzt und hat sich dort bewährt. Shadow ist die erste militärische Drohne mit mehr als einer Million Flugstunden. Sie wird derzeit als taktische Standard-Drohne der US Army durch die AeroVironment T-20 ersetzt. Diese hat eine geringere akustische Signatur und erfordert weniger Ausrüstung für den Transport. Das Shadow-System soll allerdings noch bis Mitte der 2030er-Jahre bei den US-Heeresfliegereinheiten und den Spezialkräfte-Einheiten im Einsatz bleiben.

AAI RQ-7 SHADOW

Herkunftsland	USA
Hersteller	AAI Corporation
Erstflug	1991
Abmessungen	Länge 3,40 m Spannweite 3,90 m Höhe 1,00 m
Startgewicht max.	170 kg
Antrieb	1x 28,0 kW (38 PS) UAV-Engine-741-Wankelmotor
Höchstgeschwindigkeit	200 km/h
Reichweite	110 km
Dienstgipfelhöhe	4.900 m (15.000 ft)
Bewaffnung	–

AAI RQ-7 Shadow

US-Soldaten montieren eine taktische Drohne vom Typ RQ-7 Shadow 200 auf der Startvorrichtung. Sie soll während der Operation Iraqi Freedom einen Flug über Baqubah (Irak) durchführen.

Drohnenstart

Eine RQ-7B Shadow V-2 beim Start vom Strategic Expeditionary Landing Field des Marine Corps Air Ground Combat Center in Twentynine Palms (Kalifornien).

RQ-7 Shadow Operator

Ein UAV-Operator der US Navy bedient eine RQ-7 Shadow während eines Überwachungs-Trainingseinsatzes im Camp Atterbury Joint Maneuver Training Center (Indiana).

General Atomics MQ-1 Predator
Die Predator, der Archetyp aller bewaffneten Drohnen des frühen 21. Jahrhunderts, war richtungsweisend für viele zukünftige UAV-Entwicklungen. Die nach unten abgewinkelten Heckflossen schützen den Schubpropeller bei Start und Landung, die Tragflächen sind für den wirtschaftlichen Reiseflug optimiert.

GENERAL ATOMICS MQ-1 PREDATOR

Als Drohne der ersten Stunde hat die Predator seit Sommer 1995 viele Einsätze durchgeführt. Obwohl sie bereits von der US Air Force ausgemustert wurde, ist sie als weiterentwickelte Gray Eagle noch bei mehreren anderen Nationen und bei der US Army im Einsatz.

Frühere Versionen: Amber und Gnat 750

Die im Juli 1994 erstmals geflogene Predator entstand aus der Amber-Drohne, die ab 1984 von Leading Systems Incorporated (LSI) entwickelt worden war. Sie sollte zur Foto-Aufklärung und für ELINT- oder Marschflugkörper-Einsätze dienen und wurde zur Grundlage für die Predator. Die Amber besaß bereits das charakteristische umgekehrte V-Leitwerk im Heck, das den Propeller bei Start und Landung vor Bodenkontakt schützen sollte.

Im Gegensatz zum Flügel der Predator saß die Tragfläche an kurzen Streben über dem Rumpf und konnte in der Marschflugkörper-Rolle abgeworfen werden. Die vereinfachte Amber-Variante Gnat 750 ohne Marschflugkörper-Option wurde nach dem Konkurs von LSI vom Nachfolger General Atomics weiter produziert. Sie diente ausschließlich zur Aufklärung und zu nachrichtendienstlichen Zwecken. Gnat 750 enttäuschte im Einsatz vor allem wegen technischer Probleme.

Bei einem Einsatz schaltete die Software den Motor ab: Eine Windböe hatte die Geschwindigkeitsanzeige vorübergehend auf null gesetzt und die Software registrierte eine Landung. Die Drohne stürzte ab und wurde zerstört. Ein anderes Exemplar hatte 1994 über dem ehemaligen Jugoslawien mehrere Systemausfälle und konnte nur noch bei bestem Wetter geflogen werden. Das Drohnenprogramm wurde dennoch fortgesetzt. Aus einer verbesserten Gnat 750-45 entstand die MQ-1 Predator, deren gute Eigenschaften diese Entscheidung später voll rechtfertigte.

Mitte der 1990er-Jahre kam die RQ-1 Predator auf dem Balkan zum Einsatz. Von 2001 bis zur Einführung der MQ-9 Reaper war sie die wichtigste Drohne der USAF und der CIA für Offensivoperationen in Afghanistan und in den pakistanischen Stammesgebieten. Da Einsätze bewaffneter US-Drohnen stets geheim gehalten und Details nicht in der Öffentlichkeit erwähnt werden, lobten offizielle Stellen begeistert die nachrichtendienstlichen Leistungen und Aufklärungsfähigkeiten der MQ-1. Dabei steht fest, dass sie eine Vorreiterrolle bei der unbemannten Eliminierung von Zielpersonen in fremden Hoheitsgebieten innehatte. Diese Strategie ist sehr umstritten, da viele ethische Bedenken gegenüber der Drohnenkriegsführung und bewaffneten US-Drohnenangriffen existieren.

Grey Eagle

Die USAF und die CIA musterten ihre Predator-Drohnen inzwischen aus, Italien, Marokko, die Vereinigten Arabischen Emirate und die Türkei setzen sie weiterhin ein. Die US Army nutzt sie unter der Bezeichnung General Atomics MQ-1C Gray Eagle.

Als Prototyp Warrior gewann sie 2002 eine Ausschreibung der Army für eine Mehrzweckdrohne mit größerer Reichweite als Nachfolgerin für die RQ-5 Hunter. Die neue Drohne wurde 2009 in Dienst gestellt und erhielt 2010 den offiziellen Namen Gray Eagle. Sie unterscheidet sich von der Predator durch eine größere Spannweite und einen leistungsfähigeren, für große Höhen geeigneten Thielert-Centurion-Dieselmotor. Die Bugverkleidung wurde für ein SAR/GMTI-System (Synthetic Aperture Radar/Ground Moving Target Indicator) vergrößert, die Zielerfassung geschieht mittels eines AN/AAS-52-Multispektral-Zielsystems (MTS) unter dem Bug. Die Gray Eagle kann Waffen wie AGM-114-Hellfire-Raketen und GBU-44/B-Viper-Strike-Lenkbomben tragen. Ihre Sensoren nutzen das SAR-System zur Erkennung von Veränderungen im Gelände durch Reifenspuren, Fußabdrücke und vergrabene Sprengfallen.

Die US Army entwickelte 2014 MUM-T-Technologien (Manned-Unmanned Teaming) für den Einsatz in bemannten Flugzeugen. Sie übertragen Videosignale und steuern Bordwaffen von Drohnen, sodass die Bodeneinheiten weniger auf Flugzeuge anderer Teilstreitkräfte angewiesen sind. Der

GENERAL ATOMICS MQ-1C GRAY EAGLE

Herkunftsland	USA
Hersteller	General Atomics Aeronautical Systems
Erstflug	Oktober 2004 (MQ-1 Predator 3. Juli 1994)
Abmessungen	Länge 8,53 m Spannweite 17,00 m Höhe 2,10 m
Startgewicht max.	1.633 kg
Antrieb	1x flüssigkeitsgekühlter 123 kW (165 PS) Thielert-Centurion-1.7-4-Zylinder-Reihen-Dieselmotor
Höchstgeschwindigkeit	309 km/h
Reichweite	400 km
Dienstgipfelhöhe	8.840 m (29.000 ft)
Bewaffnung	4x AGM-114 Hellfire- oder 8x AIM-92-Stinger-Rakete

General Atomics MQ-1C Gray Eagle
Die beachtliche Größe der Predator-Drohne zeigt sich an dieser MQ-1-Gray-Eagle-Variante der US-Armee, die hier auf dem Michael Army Airfield in Utah von zivilem Personal betreut wird.

REMOVE BEFORE FL

Bergung

Soldaten bergen im Juli 2015 eine MQ-1C Gray Eagle nach einem Einsatz vom Luftwaffenstützpunkt Al Asad (Irak). Diese Gray Eagle ist mit zwei AGM-114-Hellfire-Raketen bewaffnet.

AH-64E-Apache-Hubschrauber ist der erste Drehflügler mit speziell entwickelter MUM-T-Technologie. Diese ermöglicht es dem Piloten, eine Gray Eagle fernzusteuern. Tests haben gezeigt, dass sich die Reichweite des Apache mit MUM-T erhöht. Die Gray Eagle kann Ziele jenseits der Reichweite des Apache-eigenen Zielsystems markieren, was sowohl die Überlebensfähigkeit als auch die Wirksamkeit des Hubschraubers erhöht. Ein AH-64-Pilot kann die Sensoren und Waffen einer Gray Eagle aus einer Entfernung von bis zu 110 Kilometern einsetzen.

Die Gray Eagle hatte Anfang der 2010er-Jahre ihre Kinderkrankheiten überstanden und entwickelte sich wie ihre Vorgängerin zu einer zuverlässigen und hocheffizienten Drohne. Im November 2013 erhielt das 160th Special Operations Aviation Regiment (SOAR Airborne) als erste Spezialeinheit der US Army die MQ-1C. Sie macht weniger abhängig von Drohnen der Luftwaffe, die sonst Aufklärungs- und Angriffsaufgaben für Spezialeinsatzteams der Armee zur Verfügung stellen. Die beiden SOAR-Kompanien betreiben jeweils zwölf Drohnen.

VERPASSTE GELEGENHEIT

Ein bemerkenswerter Fall zeigt, wie eine Unternehmung hätte ausgehen können. Anfang September 2001 kam beim CIA-Angriff auf Osama bin Ladens Wohnsitz in Tarnak (Afghanistan) keine waffenfähige Predator zum Einsatz, obwohl alles vorbereitet war. Cofer Black, Leiter des CIA-Zentrums für Terrorismusbekämpfung, hatte schon im Winter 2000/2001 nachdrücklich eine Bewaffnung für die MQ-1 gefordert. Predators hatten im Rahmen der Operation Afghan Eyes den Wohnsitz von Osama bin Laden entdeckt und Videoaufnahmen von ihm gemacht. Schließlich war auch der CIA-Einsatz im Sommer 2001 gründlich trainiert worden. Im Juni wurde in Nevada sogar eine Hellfire-Rakete von einer MQ-1 auf eine Nachbildung von Osama bin Ladens Haus abgefeuert.

Unglücklicherweise erteilte das Land, von dem aus die MQ-1 gesteuert wurden (vermutlich Usbekistan), keine Genehmigung für den bewaffneten Drohneneinsatz von seinem Hoheitsgebiet, so dass die Operation nie stattfand. Dies alles geschah nur wenige Tage vor dem Angriff auf das World Trade Center. Als am 7. Oktober 2001 endlich die Erlaubnis für bewaffnete MQ-1-Patrouillenflüge kam, war es zu spät. Die Predator konnte ihre wohl prominenteste Zielperson nicht mehr eliminieren und so möglicherweise den schlimmsten Terroranschlag in den Vereinigten Staaten vereiteln.

OSAMA BIN LADEN

Präsident Clinton erfuhr bereits im Dezember 1998, dass Al-Qaida Anschläge in den USA plante und Personal für Flugzeugentführungen ausbilden ließ. Osama bin Laden kam im Juni 1999 auf die Liste der zehn meistgesuchten Personen des FBI.

GENERAL ATOMICS MQ-9 REAPER

Die MQ-9 ist die erste zur lang andauernden Überwachung aus großer Höhe konzipierte Hunter-Killer-Drohne und entstand aus der erfolgreichen MQ-1 Predator. Dank ihres Turboprop-Triebwerks ist die Reaper deutlich leistungsfähiger als ihre Vorgängerin. Sie fliegt etwa dreimal so schnell und kann eine 15 Mal schwerere Munitionslast tragen. Ihre Stehzeit im Kampfgebiet ist außergewöhnlich. Nur mit Munition beladen, kann die Reaper 14 Stunden in der Luft bleiben, mit zwei 450-kg-Treibstofftanks und maximaler 450-kg-Waffenbeladung sogar beachtliche 42 Stunden.

Operativer Einsatz

Eine verbesserte Version der MQ-1 entstand in den ersten Jahren des 21. Jahrhunderts. Sie trug zunächst den Namen Predator B und wurde nach zahlreichen Modifikationen in Reaper umbenannt. Um 2007 verfügte die USAF über neun dieser Drohnen, etwa im Jahr 2010 wurde die Beschaffung weiterer 322 bekannt. Der erste Reaper-Einsatz erfolgte im Spätsommer 2007, als die USAF ihre ersten Drohnenflüge über dem Irak und Afghanistan machte. Inzwischen hat die Reaper eine gewaltige Zahl von Einsätzen hinter sich, acht Nationen nutzen die Drohne. Neben regulären USAF-Einheiten setzen auch die 33rd und 551st Special Operations Squadrons des Air Force Special Operations Command (AFSOC) die MQ-9 ein. Sie dient dort vor allem zur Bekämpfung dynamischer Ziele, in der Zweitrolle als Aufklärungsmittel.

Zur MQ-9-Grundausstattung gehört das multispektrale Zielsystem MTS-B mit einer Reihe visueller Sensoren zur Zielerfassung und/oder Aufklärung und Überwachung. Es umfasst einen Infrarotsensor, eine Farb-/Monochrom-TV-Tageslichtkamera, eine Restlichtverstärker-TV-Kamera für Nachteinsätze, einen Laserentfernungsmesser/-markierer und einen Laserbeleuchter. Die Videos der Bildsensoren können einzeln oder in Kombination betrachtet werden.

Lasergesteuerte Munition

Der Laserentfernungsmesser/-markierer der Reaper weist Ziele für lasergesteuerte Munition wie der Paveway II zu. Dabei kann es sich um die eigene Bewaffnung handeln, aber auch die einer anderen Drohne oder eines bemannten Flugzeugs. Die Reaper verfügt über ein Radar mit synthetischer Apertur und ist bereit für künftige GBU-38 Joint Direct Attack Munitions. Sie kann vier lasergelenkte Luft-Boden(AGM)-114-Hellfire-Raketen zum Einsatz gegen Panzer und Personen tragen. Die MQ-9 Reaper unterstützt als ISR-Mittel auch

General Atomics MQ-9 Reaper
Diese MQ-9 trägt AGM-114-Hellfire-Raketen und mindestens eine lasergelenkte GBU-12-Paveway-Bombe.

Kampfflugzeuge und Befehlshaber am Boden durch die Erfassung und Verfolgung von dynamischen Zielen und liefert sofort bei deren Auftauchen wichtige Daten. Im Jahr 2013 erprobte das AFSOC, eine MQ-9 in weniger als acht Stunden zu verpacken, sie mit einer C-17 Globemaster an einen beliebigen Ort der Welt zu fliegen und innerhalb von weiteren acht Stunden für Spezialeinsatzteams ohne vorhandene Infrastruktur wieder einsatzbereit zu machen. Die C-17 bietet genügend Platz für die Drohne, das Personal und die Bodensysteme. Die Piloten reisen zur Bedienung der Bodenkontrollstation bei Drohnenstart und -landung mit, ein Großteil der Drohneneinsätze wird allerdings von Crews in den USA

General Atomics MQ-9 Reaper
Eine MQ-9 Reaper unter einem Sonnenschirm auf der Creech Air Force Base (Nevada). Die Reaper knüpfte an die Erfolge ihrer Vorgängerin Predator an und mauserte sich zu einer der besten Kampfdrohnen der Welt.

General Atomics MQ-9 Reaper
Diese unbewaffnete MQ-9 hebt im Jahr 2021 von der Creech Air Force Base in Nevada zu einer Trainingsmission ab. Gut zu sehen: das charakteristische dünnbeinige Einziehfahrwerk und der Lufteinlass des leistungsstarken Honeywell-Turboprop-Triebwerks an der Rumpfoberseite.

aus ferngesteuert. Im Jahr 2022 wurde die MQ-9 zum ersten Mal in der Luft betankt, was ihre ohnehin bemerkenswerte Stehzeit weiter erhöhte.

Die Reaper diente auch anderen Zwecken, beispielsweise der Küsten- und Grenzüberwachung, der Verfolgung von Waffenschiebern, der Durchsetzung von Embargos, der humanitären Hilfe und Katastrophenhilfe, bei der Unterstützung von Friedenstruppen und der Drogenbekämpfung.

Auch britische Einheiten nutzten bewaffnete Reaper für Spezialoperationen in Afghanistan. Die für Großbritannien entwickelte Variante Protector RG Mark I absolvierte am 17. November 2023 den ersten Flug im britischen Luftraum. Sie befindet sich in der Beschaffung und soll die zehn MQ-9A der Royal Air Force ersetzen. Bei einem eigenartigen Zwischenfall im Jahr 2008 stürzte eine britische MQ-9 in Afghanistan ab. Britische Spezialkräfte wurden entsandt, um sensibles Material aus dem Wrack der Drohne zu bergen. Anschließend sprengten sie die MQ-9, um sie nicht Taliban-Kräften in die Hände fallen zu lassen. In jüngerer Zeit setzten britische Einsatzkräfte bewaffnete Reaper im Kampf gegen den Islamischen Staat ein und feuerten Hellfire-Raketen auf syrische Ziele des Islamischen Staats ab. Italien setzt ebenfalls bewaffnete MQ-9 ein, und im Jahr 2022 beschlossen die Niederlande und Spanien, ihre unbewaffneten Reaper-Überwachungsdrohnen mit Waffen auszurüsten.

GENERAL ATOMICS MQ-9 REAPER

Herkunftsland	USA
Hersteller	General Atomics Aeronautical Systems
Erstflug	2. Februar 2001
Abmessungen	Länge 11,00 m Spannweite 20,00 m Höhe 3,81 m
Startgewicht max.	4.760 kg
Antrieb	1x 671 kW (900 PS) Honeywell-TPE331-10-Turboprop-Triebwerk
Höchstgeschwindigkeit	482 km/h
Reichweite	1.900 km
Dienstgipfelhöhe	15.420 m (50.000 ft)
Bewaffnung	bis zu 4x AGM-114-Rakete oder 4x Hellfire-Rakete und 2x lasergelenkte 230-kg-GBU-12-Paveway-II-Bombe, die 230-kg-GBU-38-Joint-Direct-Attack-Munition (JDAM) kann ebenfalls mitgeführt werden

Lockheed Martin Desert Hawk III

Ein britischer Soldat startet bei einer Übung eine Desert-Hawk-III-Drohne von der Salisbury-Plain-Hochebene. Die Desert Hawk hat sich bei Einsätzen in Afghanistan bewährt und bietet Befehlshabern am Boden eine hervorragende Sicht über den Hügel.

LOCKHEED MARTIN DESERT HAWK III

Die Desert Hawk ist eine Miniaturdrohne zur Geländeüberwachung von Stützpunkten. Sie besitzt ähnliche Fähigkeiten wie die AeroVironment RQ-11 Raven und wurde in den Skunk Works von Lockheed Martin für das United States Air Force Protection Airborne Surveillance System (FPASS) entwickelt. Nach ihrem ersten Auftritt im Jahr 2002 übernahm sie auch die Royal Army. In den USA war die Desert Hawk nur kurz im Einsatz, da ihre Konkurrentin RQ-11 Raven im Jahr 2007 für FPASS umgerüstet wurde und ihre Rolle übernahm. Die größtenteils aus thermoplastischem Kunststoff gebaute Desert Hawk besaß einen sehr leisen Elektromotor mit Schubpropeller und drei kleine CCD-Kameras. Sie wurde mit einem Bungee-Seil gestartet, konnte etwa eine Stunde in der Luft bleiben und flog weitgehend autonom, während der Bediener sie auf einem Laptop verfolgte.

Lockheed Martin entwickelte eine verbesserte Desert Hawk III mit größerer, leichterer Zelle und 30 Minuten längerer Flugdauer. Der geräuscharme Propeller wurde nach vorn verlegt. Drei verschiedene Aufklärungspakete können mitgeführt werden: ein Radar mit synthetischer Apertur (SAR) für klare Bilder bei allen Wetterbedingungen, Signalaufklärung (SIGINT) und Kommunikationsaufklärung (COMINT). Neben Infrarot- und optischen Sensoren verfügt die Desert Hawk III über einen Langwellen-Infrarot-Imager (LWIR), eine einzigartige Kamera, die Wärmebilder zur Darstellung von Wärmeunterschieden aufnimmt, und einen Laserbeleuchter für die Videoaufzeichnung mit Nachtsichttechnologie.

Die Desert Hawk III besitzt keine Räder und ist so konstruiert, dass sie bei der Landung auseinander bricht. Damit

Zusammenbau

Der Zusammenbau einer Desert Hawk III ist einfach. Die Drohne ist bequem zu transportieren – zwei komplette Fluggeräte und sechs Batterien passen in einen Rucksack.

wird die kinetische Energie beim Aufprall umgewandelt, und ihre Ausrüstung bleibt intakt. Die Drohne kann für den nächsten Einsatz wieder zusammengebaut werden.

Die ersten Lieferungen an das Vereinigte Königreich erfolgten 2006. Im Jahr 2013 waren bereits über 200 Desert Hawks im Einsatz und stellten fast 40 Prozent aller Drohnen der Royal Army. Das 32. Regiment der Royal Artillery nutzt die Desert Hawk als taktisches Überwachungssystem und setzte sie bereits in Afghanistan und Mali ein. Die Drohne fliegt derzeit ausschließlich für das Vereinigte Königreich. In begrenztem Umfang nutzten sie auch die US-Streitkräfte bei Aufklärungs- und Bergungsmissionen im Krieg gegen den Terror.

LOCKHEED MARTIN DESERT HAWK III

Herkunftsland	USA
Hersteller	Lockheed Martin
Erstflug	2006
Abmessungen	Länge 0,70 m Spannweite 1,20 m Höhe 0,25 m
Startgewicht max.	4 kg
Antrieb	1x Elektromotor
Höchstgeschwindigkeit	92 km/h
Reichweite	15 km
Dienstgipfelhöhe	3.400 m (11.000 ft)
Bewaffnung	–

Thales Watchkeeper WK450
Die Watchkeeper fliegt beim 47 Regiment Royal Artillery (47RA). Nach Abschluss ihrer Grundausbildung im Vereinigten Königreich werden Watchkeeper-Besatzungen für ihr restliches Training zur RAF Akrotiri auf Zypern versetzt, wo dieses Exemplar fotografiert wurde.

THALES WATCHKEEPER

Die Watchkeeper WK450 ist aus der israelischen Hermes 450 entstanden, die die britische Army zwischen 2005 und 2014 beim 32nd Regiment der Royal Artillery einsetzte. Die Allwetterdrohne dient zur Aufklärung, Überwachung und Zielerfassung. Sie wurde von Thales (Großbritannien) und Elbit (Israel) nach Einsatzerfahrungen entwickelt, die die britischen Streitkräfte in den ersten Jahren des Afghanistan-Kriegs gemacht hatten. Die Hermes 450 besaß lediglich einen elektro-optischen/Infrarot-Sensor, die WK450 verfügt als Hauptunterschied zusätzlich über ein Dual-Mode-Radar mit synthetischer Apertur und ein System zur Anzeige von beweglichen Bodenzielen, was sie allwettertauglich macht. Die gesammelten Informationen werden über Line-of-Sight-Datalink zur Bodenstation übertragen, dort verarbeitet und ausgewertet. Die Watchkeeper unterstützt britische und verbündete Streitkräfte, darunter Spezialkräfte, Gefechtsstände, Kampfflugzeuge und -hubschrauber sowie Marineschiffe.

Die Watchkeeper machte im Jahr 2010 ihren Erstflug, die Royal Army bestellte 54 Drohnen. Im Jahr 2018 erreichte das Waffensystem die Initial Operating Capability. Eine ungenannte Anzahl einsatzbereiter Drohnen wurde 2014 nach

Afghanistan entsandt und zum Schutz der britischen Truppen in Camp Bastion stationiert. Sie flogen dort zusammen mit ihrer Vorläuferin Hermes 450.

Während eines Einsatzes für eine Einheit der US Marines initiierte eine Watchkeeper die Verfolgung eines Ziels durch eine Hermes-450-Drohne, die ihrerseits eine britische MQ-9 Reaper zum Luftangriff heranführte. Derartige Teameinsätze liefen bis zum Abzug der Watchkeeper aus Afghanistan im Oktober 2014. Derzeit ist die Drohne nur beim 47nd Regiment der Royal Artillery im Einsatz und soll dort bis 2042 verbleiben.

THALES WATCHKEEPER WK450

Herkunftsland	Vereinigtes Königreich
Hersteller	Thales Group
Erstflug	14. April 2010
Abmessungen	Länge 3,40 m Spannweite 3,80 m Höhe 1,80 m
Startgewicht max.	150 kg
Antrieb	1x 39 kW (52 PS) UAV-Engines-Limited-R802/902(W)-Wankelmotor
Höchstgeschwindigkeit	120 km/h
Reichweite	200 km
Dienstgipfelhöhe	7.100 m (23.294 ft)
Bewaffnung	–

AEROVIRONMENT-DROHNEN

Die RQ-11 Raven von AeroVironment gewann eine Ausschreibung für ein kleines unbemanntes Luftfahrzeug (SUAV) der US Army. Seit 2004 wurden über 19.000 Drohnen produziert, was die Raven zum meistgebauten militärischen UAV aller Zeiten macht. Mehr als 30 Nationen beschafften dieses Waffensystem. Die RQ-11 wurde aus dem AeroVironment FQM-151 Pointer entwickelt und ist im Vergleich zu den flugzeugähnlichen Reaper und Predator eine relativ einfache Drohne. Sie wird ähnlich wie ein funkferngesteuertes Modellflugzeug von Hand gestartet. Die Raven kann vom Boden aus ferngesteuert werden oder über GPS-Wegpunkte autonome Missionen fliegen. Mit einer Befehlstaste lässt sich die RQ-11 zum Startpunkt zurückbeordern, wo sie automatisch landet. Zur Standardbeladung gehören CCD-Farbvideo- oder Infrarot-Nachtsichtkameras. Seit 2015 wird anstelle der üblichen Kamera auch Raven Gimbal angeboten, eine drehbare Kamera auf einem 360-Grad-Kardanrahmen. Sie lässt sich während des Fluges zwischen Tag- und Nachteinstellungen umschalten. Mit dem herkömmlichen System musste die Drohne zum Wechseln der Sensoren zwischenlanden.

Die RQ-11 ist leicht, klein und tragbar. Zwei Personen genügen für die Flugvorbereitung und den Betrieb. Die Drohne passt problemlos in die Ausrüstung einer kleinen Kampfeinheit, kein Wunder, dass sie früh ins Blickfeld von Spezialeinheiten geriet. Neben dem US Special Operations Command setzten auch das dänische Jaegerkorpset (Spezialeinsatzkräfte des Heeres) und das Korps Commandotroepen (KCT) der Königlichen Niederländischen Armee RQ-11 ein.

RQ-20 Puma

Die RQ-20 Puma ist etwas größer, schwerer und leistungsfähiger als die Raven. AeroVironment entwickelte sie für das US Special Operations Command als allwettertaugliche, handgestützte Drohne zur elektro-optischen und Infrarotüberwachung und -aufklärung. Die Puma wurde unter Wetterbedingungen getestet, die die meisten anderen UAVs am Boden halten würden: Temperaturen von -29 bis +49 °C, Windgeschwindigkeiten über 45 km/h und 2,50 Zentimeter Niederschlag pro Stunde. Die zweistündige Stehzeit erhöhte sich bei der Enhanced Puma mit stärkeren Batterien auf dreieinhalb Stunden. Eine Variante mit ultradünnen Solarpanelen auf den Flügeln, die Solar Puma, kann sogar bis zu neun Stunden fliegen. Andere Weiterentwicklungen sind die LRTA Puma (mit höherer Auffassungsreichweite durch eine Long-Range-Tracking-Antenne) und die Puma AE (All Environment), die sowohl vom Land als auch vom Wasser aus operieren kann.

Das US Special Operations Command nutzt RQ-20 seit 2008. Sie wurden bisher rund 1.000 Mal produziert und sind derzeit bei 20 Nationen im Einsatz. Viele Einsatzdetails sind geheim, doch Berichten zufolge erprobten die britischen Streitkräfte die Drohne vom US-Tarnkappen-Einsatzboot M80 Stiletto für ISR-Einsätze auf See. Die Pumas gelangten sogar in die Hände der PKK, die eigentlich selbst im Visier von Spezialkräften ist. Das türkische Militär erbeutete im Jahr 2016 mehrere RQ-20 von kurdischen PKK-Kämpfern, man vermutet, dass sie aus Syrien stammten. Seit Anfang 2022 setzt die Ukraine die Puma in großem Umfang gegen russische Streitkräfte ein.

AEROVIRONMENT RQ-11 RAVEN

Herkunftsland	USA
Hersteller	AeroVironment Inc.
Erstflug	Oktober 2001
Abmessungen	Länge 0,90 m Spannweite 1,37 m Höhe 0,30 m
Startgewicht max.	1 kg
Antrieb	1x Aveox-27/26/7-AV-Elektromotor
Höchstgeschwindigkeit	30 km/h
Reichweite	10 km
Dienstgipfelhöhe	k. A.
Bewaffnung	–

AeroVironment RQ-11 Raven
Ein Fallschirmjäger der US Army startet während der Übung Saber Junction 19 im September 2019 eine RQ-11 Raven vor dem erwarteten Feindkontakt auf dem Truppenübungsplatz Hohenfels (Deutschland).

WASP III

AeroVironment entwickelte die noch kleinere Drohne Wasp III für Lagebilder außerhalb der Sichtweite. Sie hat GPS und ein Trägheitsnavigationssystem, so dass sie bei Bedarf vom Start bis zur Landung autonom operieren kann. Alternativ ist sie auch manuell steuerbar. Wasp III kann verschiedene Module zur Zielerfassung tragen, darunter vorwärts- und seitwärts gerichtete Infrarot- und Farbkameras. Ihre Videostreams gelangen direkt ins tragbare Steuergerät, das auch für die größeren Drohnen RQ-11B Raven und RQ-20 Puma verwendet wird. Die Wasp ist für die Tag-und-Nacht-Aufklärung und -Überwachung an der Front konzipiert, wiegt nur 430 Gramm und lässt sich mit einer Spannweite von 72 Zentimetern in einem Rucksack transportieren.

Im Mai 2012 kam die verbesserte Wasp AE (all environment) heraus, die auch im Wasser landen kann. Sie ist mit 1,3 Kilogramm etwas schwerer, hat aber 20 Prozent mehr Stehzeit und einen Miniatur-Kardanring, der Farb- und Infrarotbilder von einem einzigen Sensorpaket liefert. Nach dem Erstkunden US Air Force beschaffte auch das Marine Corps die Wasp AE im September 2012.

Die Wasp ist seit 2007 in Produktion und derzeit bei sechs Nationen im Einsatz. Bekanntermaßen nutzen sie auch Spezialeinheiten der Vereinigten Staaten und Australiens.

WASP III

Herkunftsland	USA
Hersteller	AeroVironment Inc.
Erstflug	2007
Abmessungen	Länge 0,38 m Spannweite 0,72 m Höhe 0,15 m
Startgewicht max.	6,5 kg
Antrieb	Elektromotor
Höchstgeschwindigkeit	64 km/h
Reichweite	5 km
Dienstgipfelhöhe	3.333 m (10.000 ft)
Bewaffnung	–

AeroVironment Wasp III

Eine winzige Wasp-Mikro-Drohne beim Zusammenbau während der Ausbildung. Sie trägt die offizielle Bezeichnung RQ-12 und ist derzeit bei der USAF, der US Army und dem US Marine Corps im Einsatz.

Black Hornet Nano
Die Nano ist die derzeit kleinste kampferprobte Militärdrohne der Welt. Sie ist auch das einzige Fluggerät in diesem Buch, das bei normalen Einsätzen regelmäßig in Innenräumen geflogen wird.

Black Hornet Nano
Ein Mitglied einer Spezialeinheit bereitet eine Nano für den Einsatz vor. Er demonstriert damit anschaulich die extrem geringen Abmessungen dieses unbemannten Flugobjekts.

BLACK HORNET NANO

Das winzige Fluggerät Nano passt in eine Handfläche und wiegt nur 18 Gramm. Die Mini-Drohne wurde in Norwegen von Prox Dynamics AS entwickelt. Sie hat einen leisen Elektromotor und kann bis zu 25 Minuten lang fliegen. Über eine digitale Datenverbindung und GPS ist sie mit ihrem Betreiber verbunden. Die Nano kann feindliche Stellungen und andere potenzielle Gefahren über Mauern oder um Ecken und andere Hindernisse lokalisieren und identifizieren, während ihr Bediener und die eigenen Truppen in sicherer Distanz bleiben. Die Bilder der drei Kameras – eine blickt nach unten, eine direkt nach vorn und eine im 45-Grad-Winkel voraus – erscheinen auf einem kleinen, tragbaren Endgerät, mit dem die Drohne auch gesteuert wird. Die Daten werden in einer am Gürtel befestigten Box gespeichert. Die Drohne selbst sammelt keine Informationen, um sie bei einer Erbeutung nicht in feindliche Hände fallen zu lassen.

Die britischen Streitkräfte nutzten Black Hornets bei der Operation Herrick in Afghanistan. Im Jahr 2013 verfügte die Royal Army über 300 Exemplare. 2016 musterte sie die Drohne aus, führte sie aber später zur Entwicklung unbemannter Aufklärungsmittel auf Brigadeebene wieder ein. In den letzten Jahren übernahm das US Marine Corps Black Hornets für ihre Spezialkräfte, Prox Dynamics lieferte im Juni 2015 eine Version mit der Bezeichnung PD-100 mit verbesserten Funktionen für entsprechende Tests. Black Hornets sind bekanntermaßen beim neuseeländischen SAS und bei Spezialeinheiten in Frankreich und der Türkei im Einsatz. Sehr wahrscheinlich nutzten auch mehrere der anderen elf Betreibernationen die Drohne für ihre Spezialkräfte.

BLACK HORNET NANO

Herkunftsland	Norwegen
Hersteller	FLIR Systems (vormals Prox Dynamics AB)
Erstflug	k. A.
Abmessungen	Länge 10,00 cm Spannweite 2,50 cm Höhe 6,00 cm
Startgewicht max.	18 g
Antrieb	Elektromotor
Höchstgeschwindigkeit	21 km/h
Reichweite	2,5 km
Dienstgipfelhöhe	250 m (850 ft)
Bewaffnung	–

FOTOHINWEISE

Alamy: 8–9 (Wilf Doyle), 28 (Ian Shipley), 30–31 & 33 (Stocktrek Images), 40 (Andrew Chittock Photography), 47 (Uwe Deffner), 64–65 (Aviation Visuals), 111 (Stocktrek Images)
CIA: 89
Dreamstime: 26–27 (Nitinut380), 32 (Artyomanikeev), 71 (Soosjozsef)
Getty Images: 10 (Topical Press Agency), 11 (ullstein bild Dtl), 13 (Popperfoto), 14 (Fox Photos), 29 (Bettmann), 92 (Bloomberg), 93 oben (Anton Balakchiev/Stocktrek Images), 93 unten (Caroline Blumberg/AFP), 103 (Khalil Mazraawi/AFP), 129 (Maher Attar/Sygma)
Licensed under the Creative Commons Attribution 2.0 Generic licence: 18 (Dennis Goodwin), 106 (Grant Robinson)
Licensed under the Creative Commons Attribution-share Alike 3.0 Unported licence: 19 oben (Fliegomat)
Licensed under the Creative Commons Attribution-share Alike 4.0 International licence: 19 unten (Oren Rozen)
Michigan National Guard: 41 (MSgt Scott Thompson)
National Archives and Records Administration: 15
Shutterstock: 16–17 (Christopher Chambers), 20 (MJJ de Vaan), 21 (InsectWorld), 34 (Richard Whitcombe), 48 (InsectWorld), 52–53 (Joseph Thompson), 117 (A Periam Photography)
Shutterstock Editorial/EPA: 102
stock.adobe.com: 3 (fotogenix), 112 (Ryan Fletcher)
UK MOD Crown copyright: 75 (Cpl Tim Laurence), 76–77 (LAC Palmer), 78 (SAC Jason Russell), 88 (Capt Sam Davies), 90–91 (SAC Iain Curlett), 97 (LPhot Dan Rosenbaum), 100 (LPhot Unaisi Luke), 105 (LPhot Kevin Walton), 108–109 (PO Phot Wade), 114–115 (Sgt Luke Johnston), 134 & 135 (Cpl Si Longworth), 136–137 (Cpl „Matty" Matthews)
U.S. Air Force: 12, 22–23 unten (Capt Brian Wagner), 23 oben (SSgt Evelyn Chavez), 24–25 (SSgt Eric Harris), 44–45 (Capt Renee Douglas), 54–55 (A1C Joel Miller), 56 (Senior Airman Dylan Gentile), 57 unten (TSgt Sam King), 60–61 (Senior Airman Blake Wiles), 68–69 unten (TSgt Marlin G Zimmerman), 81 (MSgt Barry Loo), 98–99 (TSgt Jeffrey Allen), 113 (MSgt Russell Scalf), 124–125 (TSgt Effrain Lopez), 131–131 (Senior Airman Haley Stevens), 132–133 (TSgt Emerson Nunez), 141 links (Senior Airman Miranda Mahoney)
U.S. Air National Guard: 57 oben (MSgt Scott Thompson)
U.S. Army: 36–37 & 39 (Jason Johnston), 42–43 (Eric Steen), 51, 59 & 63 (Capt Sonise Lumbaca), 62 (K. Kassens), 65 (Col David S Yuen), 66 oben (SSgt William Tremblay), 86 (SSgt David Carnahan), 87 (SSgt Teddy Wade), 120–121 (Sgt Matthew Klene), 123 unten (SSgt Matthew Scotten), 126–127 (Spc Latoya Wiggins), 138–139 (Spc Ryan Lucas), 140 (Sgt Luisito Brooks), 142 (Spc Jesse LaMorte)
U.S. Army National Guard: 128 (Capt Charles Baxter)
U.S. Department of Defense: 49, 50, 94–95 (Kenneth Kassens), 122 (SPC James B Smith Jr), 131 oben, 141 rechts (Lance Cpl Julien Rodarte)
U.S. Marines: 38 (Lance Cpl Kasey Peacock), 84–85 (Lance Cpl Javon Thompson), 118–119 (Lance Cpl Caleb McDonald), 123 oben (Lance Cpl Jesse Carterpowell)
U.S. Navy: 6 (MC2 Scott Raegen), 7 (Sgt Marc-André Gaudreault), 72–73 (MC1 James R Evans), 74 (PO1 Kenneth Takada), 79 (PM2 Timothy Smith), 83 (MCSN Sarah E Bitter), 96 (PO2 Gary Keen)

Alle Illustrationen von Rolando Ugolini, außer S. 66–67 unten & S. 70 (Teasel Studios)

Ebenfalls im Wieland Verlag erschienen:
www.wieland-verlag.com

Thomas Newdick
MILITÄRFLUGZEUGE
Die berühmtesten Kampfflugzeuge, Bomber und Transportmaschinen vom 1. Weltkrieg bis heute
224 Seiten, Format 213 x 285 mm, Hardcover,
ISBN 978-3-948264-12-3
EUR 39,90

Ryan Cunningham
MODERNE MILITÄRFLUGZEUGE
Jagdflugzeuge, Bomber, Transporter, Aufklärer und Überwachungsflugzeuge
128 Seiten, Format 213 x 285 mm, Hardcover,
ISBN 978-3-948264-19-2
EUR 29,90